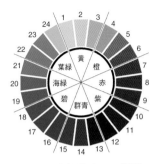

口絵 1　色相環（p. 19 参照）

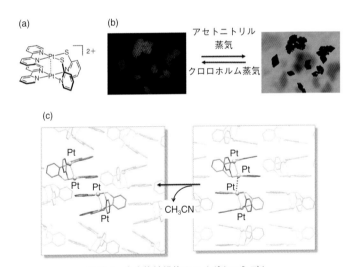

口絵 2　白金複核錯体のベイポクロミズム
（a）錯体の構造，（b）蒸気応答色変化（結晶写真），（c）結晶中の複核錯体 2 量体の配置変換［2］．（p. 24 参照）

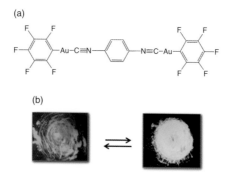

口絵 3　(a) 金(I)錯体の分子構造，および (b) メカノクロミックな発光色変化 [5]（p. 25 参照）

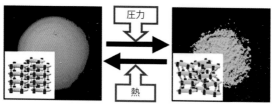

口絵 4　テトラフェニレン誘導体結晶性粉末のメカノクロミック発光 [6]（p. 26 参照）

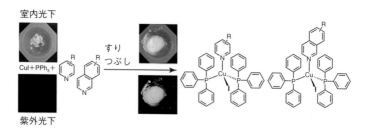

口絵 5　発光性銅(I)錯体のメカノケミカル合成（p. 31 参照）

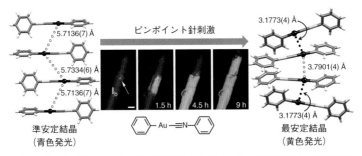

口絵 6　〔Au（Ph）（CNPh）〕の結晶構造とピンポイントの針刺激による結晶構造
　　　　の変化［11］（p. 45 参照）

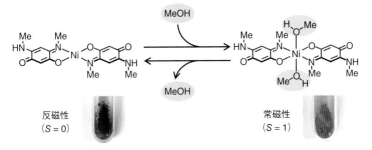

口絵 7　メタノール蒸気によって色とスピン状態とを変化させるニッケル(II)錯
　　　　体［8］（p. 55 参照）

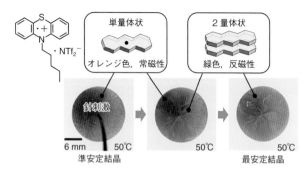

口絵 8 メカノクロミックな結晶相転移と磁性とが連動する結晶（Tf＝*p*-トルエンスルホニル基）（p. 59 参照）

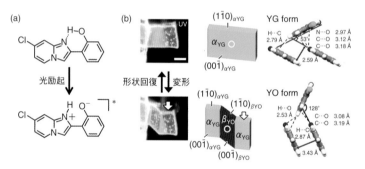

口絵 9 超弾性クロミズムを示す分子の構造（a）と変形の様子（b）（p. 73 参照）

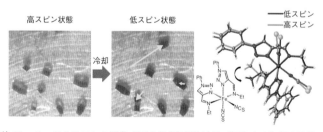

口絵 10 サーモサリエント現象を示す鉄(II)錯体結晶（写真内の矢印は結晶の動きを示す）
右の図は錯体の低スピン状態と高スピン状態の構造の重ね描きを示す．エチル基が回転しているのがわかる．（p. 88 参照）

化学の要点
シリーズ

45

ソフトクリスタル

日本化学会 [編]

吉田将己 [著]
加藤昌子

共立出版

『化学の要点シリーズ』
発刊に際して

　現在，我が国の大学教育は大きな節目を迎えている．近年の少子化傾向，大学進学率の上昇と連動して，各大学で学生の学力スペクトルが以前に比較して，大きく拡大していることが実感されている．これまでの「化学を専門とする学部学生」を対象にした大学教育の実態も大きく変貌しつつある．自主的な勉学を前提とし「背中を見せる」教育のみに依拠する時代は終焉しつつある．一方で，インターネット等の情報検索手段の普及により，比較的安易に学修すべき内容の一部を入手することが可能でありながらも，その実態は断片的，表層的な理解にとどまってしまい，本人の資質を十分に開花させるきっかけにはなりにくい事例が多くみられる．このような状況で，「適切な教科書」，適切な内容と適切な分量の「読み通せる教科書」が実は渇望されている．学修の志を立て，学問体系のひとつひとつを反芻しながら咀嚼し学術の基礎体力を形成する過程で，教科書の果たす役割はきわめて大きい．

　例えば，それまでは部分的に理解が困難であった概念なども適切な教科書に出会うことによって，目から鱗が落ちるがごとく，急速に全体像を把握することが可能になることが多い．化学教科の中にあるそのような，多くの「要点」を発見，理解することを目的とするのが，本シリーズである．大学教育の現状を踏まえて，「化学を将来専門とする学部学生」を対象に学部教育と大学院教育の連結を踏まえ，徹底的な基礎概念の修得を目指した新しい『化学の要点シリーズ』を刊行する．なお，ここで言う「要点」とは，化学の中で最も重要な概念を指すというよりも，上述のような学修する際の「要点」を意味している．

本シリーズの特徴を下記に示す.

1) 科目ごとに,修得のポイントとなる重要な項目・概念などをわかりやすく記述する.

2) 「要点」を網羅するのではなく,理解に焦点を当てた記述をする.

3) 「内容は高く」,「表現はできるだけやさしく」をモットーとする.

4) 高校で必ずしも数式の取り扱いが得意ではなかった学生にも,基本概念の修得が可能となるよう,数式をできるだけ使用せずに解説する.

5) 理解を補う「専門用語,具体例,関連する最先端の研究事例」などをコラムで解説し,第一線の研究者群が執筆にあたる.

6) 視覚的に理解しやすい図,イラストなどをなるべく多く挿入する.

本シリーズが,読者にとって有意義な教科書となることを期待している.

『化学の要点シリーズ』編集委員会
井上晴夫（委員長）
池田富樹　伊藤　攻　岩澤康裕　上村大輔
佐々木政子　高木克彦　西原　寛

まえがき

　ソフトボール，ソフトクリーム，ソフトウェアなど，ハードに対して柔らかい，ふわふわの，さらには無形のものを指して，我々は「ソフト」という認識をする．分子や原子を扱う化学においても，ソフト，ハードの概念は感覚的にわかりやすく，大変便利である．目に見えないイオンに対して，「コバルト(III)イオンはハードだから，ソフトな硫黄を含む配位子とは相性が悪いのかも…よりハードな原子に変えよう」などと言って実験しているのは，はたから見たら少し滑稽に見えるかもしれない．イオンや分子（正確にはルイス酸・塩基）のハード，ソフトの概念は本書のテーマとは異なるのでここでは言及しないが，無機化学や分析化学の教科書には必ず掲載されているので興味のある方は，それらを参照されたい．

　以上のことから，本書のテーマ，ソフトクリスタルは化学研究者にとって，全く違和感なく使うことができる言葉であると思う．本書では，一般的には硬いものと思われている結晶の「柔らかさ」を原子，分子レベルで探ってみたい．

　「ソフトクリスタル」の名を冠した研究の発端は，文部科学省科学研究費補助金を受けて，2017〜2021年度の5年間に実施されたプロジェクト，新学術領域研究「ソフトクリスタル—高秩序で柔軟な応答系の学理と光機能」である．有機，無機，金属錯体，高分子，材料化学，物理化学，光化学，構造化学，計算化学などの様々な分野から研究者が集結して，ソフトクリスタル研究に取り組んだ．著者もプロジェクトを通じて多くを学び，ソフトクリスタルに対する理解と愛着を深めていった次第である．

　本書を通じて，多くの読者にソフトクリスタルの魅力を実感して

いただければ幸いである.

　2023 年 7 月 著者

目　　次

コラム目次

第 1 章

ソフトクリスタルとは

1.1 硬い結晶，柔らかい結晶

ソフトクリスタルは，文字通りには「やわらかい結晶」であり，読者は，角砂糖のようにつぶすと簡単に崩れる結晶を思い浮かべるかもしれない．ソフトクリスタルという言葉は，昔から様々な分野の論文の中に見出すことができるが，それぞれの意味で使われており，学術用語として特に定義されたものではない．例えば，金属結晶はおおむね硬いというイメージがあるが，金の結晶は柔らかく，たたけば薄く延ばすことができるソフトな金属である．食塩（NaCl）の単結晶はすりつぶせば簡単に砕くことができるので，石と呼んでいる酸化物結晶に比べて脆（もろ）く，その意味で硬くないが，「脆い」はソフトとは少し異なる意味を持つ．砂糖の結晶は少し温めると融けて飴になる（融点 186℃）ので食塩の結晶（融点 800℃）より柔らかいといえるかもしれない．硬い結晶と思っていた鉄の結晶でも 1500℃ の高温にすれば柔らかくなり，やがて融けて液体となる．なお，鉄がさびてぼろぼろになっていくのは，化学反応（酸化）による物質変換なので，確かに脆くなるがここでは除外する．このように見てくると，読者は，結晶の硬い，柔らかいをどう区別するのか簡単には言えないと気が付くに違いない．

ここで話をするソフトクリスタルとは何だろうか．我々は，結晶

が崩れやすいか，融けやすいかではなく，構造変化しやすいかどうかに注目する．ちなみに，日本語の「やわらか」には「柔らか」と「軟らか」の漢字がある．前者は，しなやか，穏やかな意味あいの「柔」である．一方，後者の「軟らか」は手ごたえがないという意味で使われる．本書で取り扱うソフトクリスタルは，まさに「柔らかな結晶」というにふさわしい性質を持つ物質群である．

1.2　結晶の硬さ，安定性

　炭素の結晶は何？と問えば，化学を学んだ高校生諸君ならダイヤモンドと答えるだろう．ダイヤモンドは炭素原子が共有結合で三次元的につながった巨大分子ともいえる結晶である（図 1.1(a)）．強力な共有結合から成り立っているダイヤモンドの結晶は非常に硬く，ハードクリスタルの代表といえる．一方で，炭素の結晶ならグラファイトもあることを指摘する読者もいるであろう．層状の炭素シート（グラフェンと呼ばれる）が積み重なったグラファイト結晶（図 1.1(b)）は真っ黒で，ダイヤモンドは全く異なる様相を示すが，その硬さはどうだろうか．硬さの指標の1つであるヤング率（詳細は4章 4.3 参照）は，ダイヤモンドは 1000 GPa であるのに対し，グラファイトは 10 GPa であり，物質の中で最も硬いダイヤモンドに比べるとグラファイトは柔らかい．この値は，普通の有機物の結晶と同程度である．図 1.1(b) の層状構造からもわかるように，グラファイトはシートがずれるような横方向の変形が起こりやすい．

　では，室温（化学では 25℃ とするのが標準的），大気圧下（1 気圧）において，ダイヤモンドとグラファイトのどちらが安定であろうか．「硬くてさびないからダイヤモンド」という答えが返ってきそうである．一方のグラファイトは，表面は酸化されたり，いろい

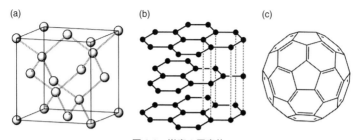

図 1.1　炭素の同素体
(a) ダイヤモンド，(b) グラファイトの結晶，(c) フラーレン.

ろくっついたり確かに反応性はダイヤモンドより高い．これがグラファイトの活性につながる．しかし，先ほどの問いの答えはというと，常温常圧で熱力学的に安定なのは，図 1.2(a) の相図でも示されるように，グラファイトである．ギブズエネルギー (ΔG) は，わずかではあるがグラファイトの方が安定と見積もられている（図 1.2(b)）．ちなみに，ダイヤモンドの密度は 3.51 g cm^{-3} で，グラファイト（2.26 g cm^{-3}）より高密度状態にある．したがって，超高圧下では，グラファイトよりダイヤモンドの方が安定相になることも納得できる．ダイヤモンドの人工合成技術も進んでおり，工業用の人工ダイヤモンドは，高温高圧で炭素をバラバラにすることにより高圧相結晶として作製される．

　常温常圧に話を戻そう．グラファイトが熱力学的な安定相であるとすると，次には，ダイヤモンドもやがて安定な炭（グラファイト）になってしまうのだろうか，という疑問（心配）が出てくる．この答を導くのは，構造変化のために必要なエネルギーの大きさ，すなわち活性化エネルギー（図 1.2(b)，$\Delta G^{\ddagger}$）である．室温大気圧下でグラファイトより安定でないダイヤモンドだが，ダイヤモンドからグラファイトへ変化するための活性化エネルギーは非常に大

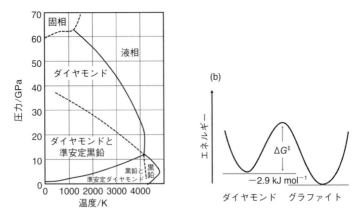

図 1.2 （a）炭素の相図，（b）ダイヤモンドとグラファイトの模式的なポテンシャルエネルギー図

きい（$\Delta G^{\ddagger} \sim 1000 \text{ kJ mol}^{-1}$ 程度）[1]．したがって，幸いなことに，ダイヤモンドは太古より永遠の輝きを保ち続けている．

1.3 ソフトクリスタルの定義：高秩序で柔軟な応答系

　本書で対象とする「ソフトクリスタル」は結晶の仲間である．前節で見たダイヤモンドのように，結晶が硬いのは，原子が三次元的に規則正しく配列して，原子間の結合に基づく安定な構造をとっているためである．すなわち，秩序構造の観点から，結晶は，図1.3のように配向秩序と位置秩序の両方を持つ物質群に分類され，非晶質固体（ガラス，アモルファス）や液体は，位置秩序も配向秩序も持たない物質群となる．一方で，晶（crystal）の文字がついている液晶は，図1.3において，配向秩序を持つが位置秩序を持たない物

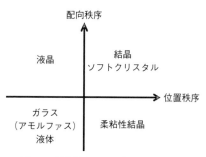

図 1.3　構造秩序による凝集物質の分類

質として，結晶と区別して定義できる．しかし，結晶と液晶とのつ
ながりは，ソフトクリスタルとも関連して非常に重要である [2]．
また，位置秩序を持つが配向秩序が乱れた物質は，柔粘性結晶
（plastic crystal）と呼ばれる．その良い例は，ダイヤモンド，グラ
ファイトに続く炭素の同素体，球状炭素クラスターに見られる．高
校の教科書にも必ず載っているように，フラーレン（C_{60}）（図 1.1
(c)）は，サッカーボール状の魅力的な形をしている．しかし，構
造決定は，当初なかなか困難であった．なぜなら，結晶中で C_{60} の
配置は決まるが，個々の炭素原子の位置は，サッカーボールのよう
にくるくる回って決めることができなかった（ディスオーダーと呼
ばれる）からである．

　では，結晶であるソフトクリスタルはどう位置づけられるだろう
か．図 1.4(a) は，結晶，液晶，ゲル，ガラス，液体など，様々な
凝集体について，縦軸を構造秩序の度合い，横軸を構造変化の活性
化エネルギー（$\Delta G^{\ddagger}$）としてプロットしたものである．大まかに
は，液体から結晶へと秩序性が高くなるにつれて，活性化エネル
ギーが大きくなり，構造変化が起こりにくくなるという相関がある
と認められる．ガラスのような非晶質固体（アモルファス）は硬い

が秩序性が低いので，図 1.4(a) の右下に位置づけられるであろう．
そうすると，図の左上の範囲に入るべき物質群が存在することに気
づく．これがソフトクリスタルである．すなわち，ソフトクリスタ
ルは，結晶としての高い秩序を保ちつつも構造変化の活性化エネル
ギーが小さい物質群といえる．ダイヤモンドのようなハードクリス
タルとの違いはここにある（図 1.4(b)）．

　当然のことながら，物質は温度や圧力により状態が変化する．硬
い金属結晶も温度や圧力に依存して秩序性が揺らぎ様々な相が現れ
るし，融点近くでは柔らかくなり，原子の流動性に基づく様々な興

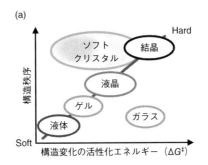

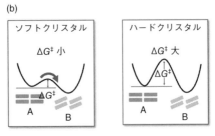

図 1.4　(a) 凝集物質における構造秩序と構造変化の関係，(b) ソフトクリスタ
ルとハードクリスタルの比較

味深い現象もみられるようになる．一方で，弱い分子間相互作用により秩序構造を形成する分子結晶では，常温でもしばしば複数の結晶構造，いわゆる多形が現れ，長年多くの結晶学者の関心を惹いてきた．常温付近で結晶の相転移や構造変化が起こり，それに基づいて色や発光など目に見える変化が起こると，我々は変化を容易に認識することができ，文字通り目を惹かれるわけである．

　ダイヤモンドの結晶が硬いのは，主に，原子が三次元的に規則正しく配列して，炭素原子間の共有結合に基づく安定な構造をとっているためといえる．しかし，ダイヤモンドの結晶とは大きく異なり，秩序構造をもった安定な結晶でありながら，時に柔軟に変化する結晶もある．グラファイト結晶がそれに相当し，正六角形構造が連なった平面シート構造（グラフェン）が分子間相互作用で積層した構造は柔らかく，弱い刺激で容易に変化しうると考えられる．

　このような弱い分子間相互作用で形成される分子結晶の中で，特に，結晶構造が変化して目に見える特異な性質を示す物質に，近年，注目が集まっている．例えば，特定の蒸気雰囲気下に置くと結晶性を保ったままで色が変化する，軽く触れるだけで結晶相が変わり発光色や光学特性が変わるなど，ごく弱い刺激によって構造が変化して，色や発光などの物性変化を示す結晶である．このような現象は，有機化合物，金属錯体，無機化合物，配位高分子などの主として分子から組み立てられる幅広い物質群において見出される．共通して見出される特徴は，高い構造秩序と柔軟な構造変化という一見相反する性質を併せ持っていることである．本書では，このような物質群を「ソフトクリスタル」と呼ぶ [3]．ソフトクリスタルの具体的な特徴を拾い上げて整理してみたのが図 1.5 である [4]．ソフトクリスタルの広義の分子結晶としての本質から，構造的，電子的特性に基づく特徴的な現象が現れ，機能発現につながる．図 1.5

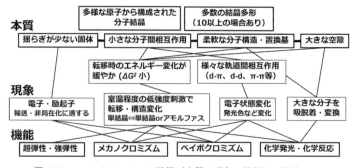

図 1.5　ソフトクリスタルの特徴（本質，現象，機能）の関連づけ

では，それぞれの項目を線でつないで関連づけているが，様々な要素が複合してソフトクリスタルが特徴づけられることがわかる．ここでは説明しないが，読者が次章以降を読み進めていくうちに，それぞれの項目が現れて結びついていくことを，具体例を通して見るであろう．また，ソフトクリスタルが発現する機能を発展させることにより，高度な秩序性を持つ次世代の刺激応答性材料として，高精度なセンサー，発光，電子デバイスへの応用も期待される．

文献

［1］　(a) G. Davies, T. Evans：*Proc. R. Soc. Lond. A*, **328**, 413 (1972), (b) J. Qian, C. Pantea, J. Huang, T. W. Zerda, Y. Zhao：*Carbon*, **42**, 2691 (2004).

［2］　尾崎雅則・石井和之・加藤昌子：「流れる結晶と柔らかい結晶—液晶とソフトクリスタル—」，液晶，**26**，204-216 (2022).

［3］　M. Kato, H. Ito, M. Hasegawa, K. Ishii：*Chem. Eur. J.*, **25**, 5105-5112 (2019).

［4］　M. Kato, K. Ishii eds.："Soft Crystals：Flexible Response Systems with High Structural Order", MRS series, Springer (2023).

第2章

結晶について

2.1 結晶の定義と種類

　ここでは結晶の基本的な事項を確認しよう．結晶は，原子・分子が三次元的に規則正しく配列した固体である．原子や分子は目に見える結晶の大きさに比べればはるかに小さい．例えば，1 mm 角のダイヤモンドの結晶には，約 7.8 兆個の炭素原子が並んでいることを想像すると感動的である．ダイヤモンドに限らず，金属，無機塩，有機化合物など，どのような結晶でも，その規則は結晶学で完全に決められている．まず，結晶はおなじみの立方晶や六方晶などを含めて 6 つの結晶族（crystal family）に分類され，さらに，面心格子，体心格子などの結晶の並進対称性を表す単位格子（unit cell）の種類と組み合わせて 14 種のブラベ格子（Bravais lattice）と呼ばれる型に分類される（図 2.1）[1]．ちなみに，ダイヤモンドの結晶（図 1.1(a)）は立方晶系の面心格子（cF）に属する．

　一般の結晶は，さらに対称要素を考慮して，全部で 230 種類の空間群（space group）に分類されうる．様々な形の分子からなる有機化合物結晶は，対称性の低い空間群に属する場合が多いが，詳しくは結晶学の専門書を参照されたい．空間群は，結晶が繰り返し構造という秩序を持つことを前提に作られている．ところが，近年，この範疇に入らない結晶も見出されている．つまり，繰り返し

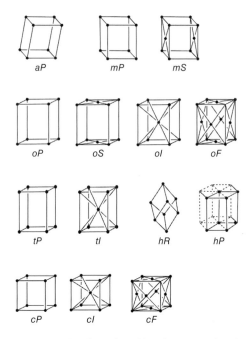

図2.1　14種のブラベ格子（空間格子とも呼ばれる）

結晶族の記号（*a*：三斜，*m*：単斜，*o*：斜方，*t*：正方，*h*：六方，*c*：立方）と
格子の記号（*P*：単純格子，*S*：底心格子（*C*底心での表記もあり），*I*：体心格
子，*F*：面心格子，*R*：菱面体格子）を組み合わせた記号で表示される [1]．

構造はないが一定の規則構造を持つ結晶が存在する．そのような結
晶を準結晶（quasi crystal）と呼ぶ．準結晶は 5 回対称のような三
次元空間をずれなく埋められない対称性を持つが，結晶の規則的な
原子配列により現れる明確な回折像が観測される．したがって，国
際結晶学会では，準結晶も含めて，「結晶は離散的な回折像を示す
固体」と再定義している [2]．

2.2 分子結晶の成り立ち：分子間力

　砂糖（スクロース）の結晶は，塩（塩化ナトリウム）の結晶より容易に融ける．いやいや塩のほうが水に簡単に溶けるはず，と反論される読者もいるかもしれない．ここで「融ける」の意味は，水などの溶媒に溶ける「溶解」ではなく，固体から液化する「融解」である．砂糖の融点は186℃，塩化ナトリウムの融点は801℃と，大きく異なる．その違いは高校の化学の教科書にも出ているように，結晶内での原子を並べている力の種類に基づく．塩化ナトリウム結晶が陽イオンのナトリウムイオン（Na^+）と陰イオンの塩化物イオン（Cl^-）の静電的な力で並んでいることは誰もが知っている．では，砂糖はどのようにして結晶を形作っているのであろうか．砂糖，すなわちスクロースは，$C_{12}H_{22}O_{11}$の化学組成を持つ有機化合物である（図2.2）．結晶では中性でもでこぼこのあるスクロースのような有機分子は，結晶中で分子どうしがなるべくうまく収まるように並ぶ．分子間に働く力は分子間力として知られている．水酸基をたくさん持つスクロースの結晶では，結晶構造の構築には水素結合が重要となるが，水素結合はイオン結合より力が弱いため融点は低くなるのである．ちなみに，水素結合からなる結晶の代表格は，もちろん水の結晶（つまり氷）といえよう（図2.3）．きわめてシンプルな水分子H_2Oが，水素結合によって美しい結晶構造を形成する．その結果，液体の水より密度は約10%低下する（0℃における氷の密度：0.9168 g cm^{-3}，水の密度：0.9998 g cm^{-3}）こと，氷がメタンなどの分子をしばしば包接することなど，水の惑星である地球の自然現象に関わる重要な物性が現れる．

　ここで，分子を集合させて結晶を形成する力を整理しておく．中性の分子の間にもいろいろな引力が働く．これらは分子間力（広義

(a)

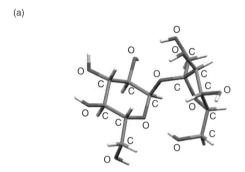

(b)

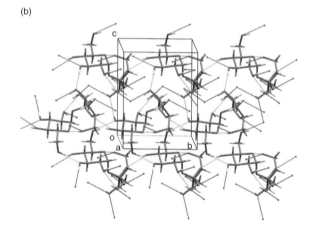

図2.2 砂糖（スクロース）の（a）分子構造と（b）単位格子と結晶パッキング
構造（点線は水素結合）

のファンデルワールス（van der Waals）力に対応）と呼ばれる．表
2.1に，イオン性化学種との相互作用も含めて，分子間力の強さを
まとめる．水素結合は，前述のとおり窒素や酸素に共有結合した水

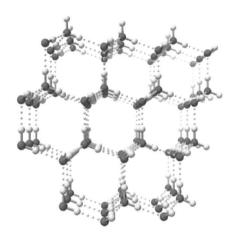

図 2.3 氷（六方晶）の結晶構造（点線は水素結合）

素原子と非共有電子対を持つ窒素や酸素などの原子との間で生じる
分子間相互作用で，静電的な効果が主たる要因となる．極性分子間
に働く双極子−双極子相互作用は水素結合よりさらに1桁小さい力
となる．また，極性分子でないヨウ素分子などが凝集する力とし
て，ロンドンの分散力があげられる．これは分子内の瞬間的な電荷
の偏りにより生じる力（誘起双極子）が要因となる．これらの分子
間力に基づいて凝集した分子結晶の凝集力は，共有結合からなるダ
イヤモンド（715 kJ mol^{-1}）や，イオン結合が主となる塩化ナトリ
ウム結晶の格子エネルギー（786 kJ mol^{-1}）等と比べると，ずっと
小さい（10〜100 kJ mol^{-1}）．したがって，弱い分子間力に基づい
て凝集した分子結晶が柔らかくなることは当然といえる．しかし，
このような弱い凝集力が，分子結晶の構造を決め，結晶生成条件の
わずかな違いにより様々な結晶構造を生じる要因ともなるのでその
制御は重要である．

表 2.1 分子間力の比較

力	強さ/kJ mol^{-1}
イオン–双極子	10–50
水素結合	10–40
双極子–双極子	3–10
ロンドン分散力	1–10

2.3 分子結晶の多様性：多形

　上記のような比較的弱い相互作用で形成される有機化合物や金属錯体の（分子）結晶では，温度や圧力を無理に変えなくても多様な結晶構造が生成しうる．複数の結晶相が現れる現象を多形（polymorphism）という．有機分子の結晶で多形が現れやすいのは，分子が安定性の差があまりない複数の配列をとることが可能であるからである．同一の溶媒から複数の多形が生成されることもしばしばである．

　ちなみに，前述のフレキシブルで多様な立体配座をとりそうなスクロースの結晶が，意外なことに，常圧で 1 種類（溶媒やイオンを含まない純粋な結晶に限る），高圧相で 1 種類しか報告されていないのは興味深い．スクロースのように水酸基を多く持つ分子では，水素結合で構造が固定されることにより安定な結晶相が限定されたのであろう．いうまでもなく，水素結合は酵素（タンパク質），核酸など生体分子の構造（立体配座）を決める非常に重要な要素である．

　有機結晶の多形現象は，薬剤にとって深刻な問題を引き起こすため，特に，薬剤の開発研究において結晶多形の制御は重要な課題となってきた．例えば，頭痛薬でおなじみのアスピリン（アセチルサリチル酸）は，融点や溶解度など重要な物性が一致せず議論されて

いたが，配座の異なる多形が微量成分として混合していることが見出された [3]．体内では分子として作用するはずの薬剤の結晶構造が，なぜ問題になるのか．それは，飲む前の薬の結晶形態（固体状態）の違いが，安定性，溶解度，溶解速度などに影響を及ぼすからである．その結果，薬剤の効果にも大いに影響を及ぼすことになる．さらに，結晶多形とは異なるが，キラリティーの問題も分子結晶にとって重要である．キラルな分子における鏡像体は，生体における分子間の相互作用において決定的な影響を与えるため，キラルな結晶か，鏡像体の等量混合物であるラセミ結晶かにより，薬のつもりが毒に変わりうるのである．

2.4　結晶は変化する：相転移

　結晶は一定の温度や圧力条件下で最も安定な結晶相を取り，条件が変わると安定相が変化して，いわゆる相転移が起こる．しかし，前章で見たダイヤモンドのように，大気圧下では最安定な相でなくても，構造変化の活性化エネルギー（$\Delta G^{\ddagger}$）が非常に高ければ，実質安定に存在しうる．逆に，活性化エネルギー（$\Delta G^{\ddagger}$）が低ければ，容易に構造変化が起こりうる．

　ソフトクリスタルは，高い構造秩序と柔軟な構造変化という一見相反する性質を併せ持つ結晶である．例えば，特定の蒸気雰囲気下に置くと結晶性を保ったままで色が変化する，軽く触れるだけで結晶相が変わり発光色や光学特性が変わるなど，ごく弱い刺激によって構造が変化して，色や発光などの物性変化を示す結晶である．結晶なので三次元的な原子座標の決定，精密な構造制御，多様な構造変化が可能であり，これがソフトクリスタルの最大の特徴となる．このような現象は，有機化合物，金属錯体，無機化合物，配位高分

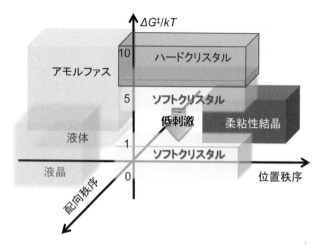

図 2.4 刺激応答により $\Delta G^\ddagger$ が変化するソフトクリスタルのイメージ

子などの主として分子から組み立てられる幅広い物質群において見出される.

では,ソフトクリスタルにおける活性化エネルギーはどの程度といえるだろうか.室温での構造変換が起こるためには,$\Delta G^\ddagger$ は 10 kJ mol^{-1} 程度以下が期待される.図 1.3 の構造秩序による物質の分類の図に,エネルギー軸を加えて三次元化した図が図 2.4 である.低刺激応答性結晶であるソフトクリスタルでは,外部刺激によりポテンシャルエネルギー曲線自体が変化して,$\Delta G^\ddagger$ も低下しうることがポイントになる [4].図 2.4 は模式的な図であり,理論的アプローチにより構造転移の活性化エネルギー($\Delta G^\ddagger$)や転移の道筋を見出すことは重要で,今後の研究に期待したい.

文献

［1］　P. M. de Wolff *et el.*：*Acta Cryst. A*, **41**, 278（1985）.

［2］　(a) Report of Executive Committee for 1991, *Acta Cryst. A*, **48**, 922（1992）, (b) A. Authier, G. Chapuis：A Little Dictionary of Crystallography, International Union of Crystallography, Chester,（2014）.

［3］　A. D. Bond, R. Boise, G. R. Desiraju：*Angew. Chem. Int. Ed.*, **46**, 615, 618（2007）.

［4］　M. Kato, K. Ishii eds. "Soft Crystals：Flexible Response Systems with High Structural Order", MRS series, Springer（2023）.

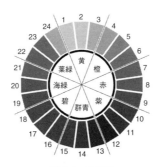

第3章

結晶の目に見える変化：色変化と形状変化

3.1 ものの色：光吸収, 光散乱, 発光

　物質は，可視光を吸収することにより色を呈する．物質の色を認識できるのは，物質に吸収されずに，透過あるいは散乱した光が我々の目に到達したからである．図3.1は，光の色とその補色の関係を対角位置に見ることができる色相環の図を示す（カラー図は口絵参照）．例えば，赤色の光を吸収する物質は，その補色である緑色に見える．葉っぱが，緑色に見えるのはそのためである（主に赤色の光を吸収する）．発光性物質は発光の色が重ね合わさって目に入ってくるので少し注意が必要である．例えば，サリチリデンアニ

図 3.1　色相環

[カラー図は口絵 1 参照]

リンは，昔から温度により色が変わる（いわゆるサーモクロミズム）ことが知られていた．この色変化は温度による分子内プロトン移動（互変異性）に基づく（図 3.2）が，原田らは，吸収スペクトルの温度変化では見た目の色変化を説明できないことに気づき，発光スペクトルの温度変化を調べた．その結果，黄色から緑色への温度変化は発光色に基づくことを明らかにした [1]．

　吸収された光により物質は励起され，励起状態になるが，緩和してすみやかに準安定な最低励起状態に至る．凝集物質はたいてい格子振動やその他の熱的な過程により目に見える光を出すことなく失活して元の基底状態に戻る．しかし，中には可視光としてエネルギーを放射する物質もあり，我々はこれらを発光性物質と呼ぶ．図 3.3 は普通の有機分子や多くの発光性金属錯体に適用できる閉殻系の電子配置を持つ分子の光過程を示すヤブロンスキー図（Jablonski

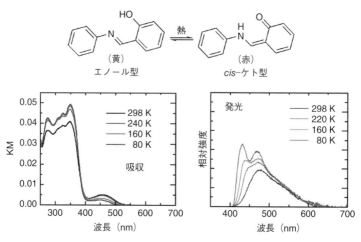

図 3.2　サリチリデンアニリンの吸収と発光スペクトルの温度変化

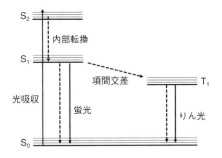

図 3.3　閉殻系分子の光過程（ヤブロンスキー図）

Diagram）である．光励起後一重項の最低励起状態からスピンの転移がない基底状態に戻るとき起こる発光を蛍光と呼ぶ．また，励起状態において，項間交差により一重項から三重項へのスピン転移が起これば，りん光と呼ばれる．例えば，トリス（2,2′-ビピリジン）ルテニウム(II)イオン（[Ru(bpy)$_3$]$^{2+}$）のような重金属を含む金属錯体は，大きなスピン–軌道相互作用により項間交差が効率よく起こり，主としてりん光を発する．りん光の定義は，スピンの反転を伴う輻射的な電子遷移（発光）であるので，ルビーの発光もりん光である．ルビーは酸化アルミニウム（Al$_2$O$_3$）の中に Cr^{3+} イオンが不純物として取り込まれた結果，Cr^{3+} の d–d 遷移に基づく光吸収と発光が起こる．ルビーの赤色発光は，色中心であるクロム(III)イオンの d 軌道内のスピン多重度の異なる電子遷移（$^2E \rightarrow {}^4A$）に基づく（図 3.4）．

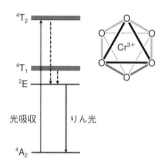

図 3.4　ルビー（Cr^{3+}）の発光過程

3.2　刺激応答性色変化：クロミズム

　物質の可逆的な色変化の現象をクロミズムという．メチルレッドやフェノールフタレインなど，酸性度によって明瞭な色変化を示す pH 指示薬は昔からなじみ深い．また，温度により色が変化するサーモクロミズムや光刺激により色が変わるフォトクロミズムは，溶液，固体を問わず多くの研究が行われてきており，その現象はサーモテープ，サングラスにとどまらず様々な商品にも利用されている．そのほか，刺激の種類により，エレクトロクロミズム（電気刺激による色変化），ピエゾクロミズム（圧力による色変化），ソルバトクロミズム（溶媒による色変化）など，様々なクロミズムが知られている．特に，物質の色変化のみならず，発光色の色変化を伴う物質は，光機能性材料として化学者の興味を大いにかき立ててきた．

　本書では，結晶のクロミズムとして比較的最近になって急速に発展をしているベイポクロミズムとメカノクロミズムに注目する．また，弱い機械的な刺激でマクロな結晶の外形が変化する超弾性とそ

の関連現象もソフトクリスタルとして重要である．以下では，概要を述べるにとどめ，詳細な事例は，第4章の「ソフトクリスタル最前線」を参照されたい．

3.3　ベイポクロミズム

　アルコールやエーテルのような有機蒸気や，塩化水素や二酸化硫黄のような無機ガスなどの刺激で可逆的な色変化を示す現象はベイポクロミズムと呼ばれる．一例として，我々のグループが研究初期に見出した発光性ベイポクロミック白金複核錯体を図3.5に示す[2]．この白金複核錯体では，結晶をエタノールやアセトニトリル等の蒸気に曝すと明赤色から暗赤色へと変化し，発光の可逆的なON–OFFが観測される（図3.5(b)）．この現象は，*syn*型と呼ばれる構造体（図3.5(a)）のみに起こる現象で，架橋配位子の配置が異なる異性体（*anti*型）では見られない．色変化は，蒸気分子の出入りに伴って結晶構造変換が起こることに起因する．単結晶–単結晶構造転移に基づく構造変化を解析した結果，包接された結晶溶媒分子の脱離に伴って，結晶内における2つの複核錯体の配置が，白金間が近接した配置（図3.5(c) 右）から白金間が離れた配置（図3.5(c) 左）へスイッチすることが明らかとなった．ベイポクロミズムは，シックハウス症候群の原因とされる揮発性有機化合物や，環境汚染物質となる酸性排気ガスなどを容易かつ鋭敏に検出できる現象として注目され，2000年頃以降，様々な系の開発が行われてきている[3]．また，ベイポクロミズムは，固体と気体の相互作用の創発現象として学術的にも大変興味深い．

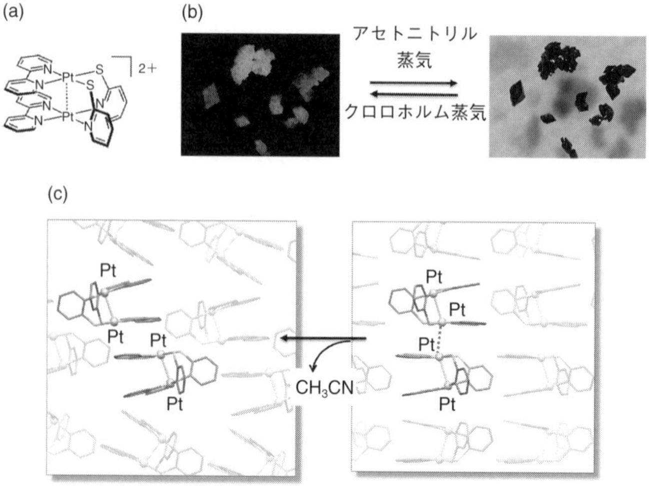

図 3.5　白金複核錯体のベイポクロミズム
(a) 錯体の構造，(b) 蒸気応答色変化（結晶写真），(c) 結晶中の複核錯体 2 量体の配置変換 [2]．[カラー図は口絵 2 参照]

3.4　メカノクロミズム

　触れる，擦る，引っかくなど弱い機械的な刺激に応答して固体やポリマー物質の色変化が起こる現象は，メカノクロミズムと呼ばれる．類似した現象に対して，時には，トリボクロミズムやピエゾクロミズムという用語も使われている．メカノクロミズムの現象は古くから知られており，結晶のみならず，ポリマーや無機固体粉末等でも引っ張ると色が変わる，押すと光るなど興味深い現象が知られている [4]．近年になってメカノクロミック結晶に関する論文は飛躍的に増大している．これは，X 線構造解析の汎用化により，合成化学者がごく小さい結晶でも簡便に三次元構造を知ることができる

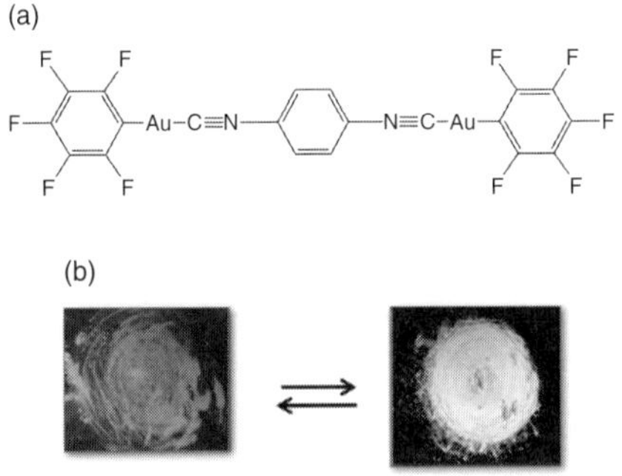

図3.6　(a) 金(I)錯体の分子構造，および (b) メカノクロミックな発光色変化
[5]［カラー図は口絵3参照］

ようになったこととも深く関連していると思われる．図3.6(a) に，
メカノクロミック発光の先駆けの1つといえる伊藤らの金(I)錯体
の例を示す [5]．この錯体の結晶性粉末は青色に発光するが，これ
をスパチュラで軽く擦ると，その部分のみが黄色発光に変化する
（図3.6(b)）．この現象は，結晶からアモルファスへ構造が変化す
ることによって起こる．金原子間の相互作用の形成が発光色変化の
要因である．溶媒を滴下することにより元の結晶性青色発光状態に
戻る．また，荒木らは，有機結晶（テトラフェニレン誘導体）の結
晶性粉末試料を擦ったり，押したりすることで発光色が青色から緑
色へ変わり，加熱により元に戻ることを見出し，結晶構造への転移
による分子間相互作用の変化に基づくことを明らかにした（図3.7）
[6]．

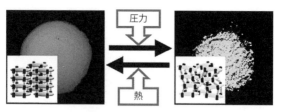

図3.7　テトラフェニレン誘導体結晶性粉末のメカノクロミック発光 [6]
[カラー図は口絵4参照]

3.5　形状変化：超弾性，強弾性，超塑性

　機械的な負荷により変形しても負荷を取り除くと元に戻る性質，
超弾性は Ni–Ti など限られた金属合金でのみ知られた特性であった
が，2014年に高見澤らは有機化合物で初めての超弾性を示す結晶
を見出した [7]（詳細は4.3節を参照）．テレフタルアミドの結晶
は，図3.8に示すように，針先などで結晶を押すと力がかかった部
分が相転移して光学特性が変化し，放すと元の単結晶に戻る．ま
た，彼らは，塑性変形して折れ曲がったイオン性有機物の結晶が加
熱することにより元の単結晶に戻る，すなわち形状記憶を示す結晶
も見出している [8]．さらに，強弾性を示す結晶 [9]，超塑性を
示す結晶 [10] など，次々と報告した．これらは弱い力学的刺激
によりマクロな形態変化を示す文字通り柔らかい結晶である．近
年，大きく曲がったり，ねじれたりする有機分子結晶のミクロな構
造や発現する特性に，世界中の有機結晶研究者の興味が集まってい
る [11]．

50 μm

図 3.8 テレフタルアミドの結晶の超弾性変形

文献

［1］ J. Harada, T. Fujiwara, K. Ogawa：*J. Am. Chem. Soc.*, **129**, 16216（2007）.

［2］ M. Kato, A. Omura, A. Toshikawa, S. Kishi, Y. Sugimoto：*Angew. Chem. Int. Ed.*, **41**, 3183（2002）.

［3］ （a）M. Kato：*Bull. Chem. Soc. Jpn.*, **80**, 287（2007）；（b）O. S. Wenger：*Chem. Rev.*, **113**, 3686（2013）.

［4］ （a）Y. Sagara and T. Kato：*Nature Chem.*, **1**, 605（2009）；（b）C.-N. Xu, T. Watanabe, M. Akiyama, and X.-G. Zheng：*Appl. Phys. Lett.*, **74**, 2414（1999）.

［5］ H. Ito, T. Saito, N. Oshima, N. Kitamura, S. Ishizaka, Y. Hinatsu, M. Wakeshima, M. Kato, K. Tsuge, M. Sawamura：*J. Am. Chem. Soc.*, **130**, 10044（2008）.

［6］ Y. Sagara, T. Mutai, I. Yoshikawa, and K. Araki：*J. Am. Chem. Soc.*, **129**, 1520（2007）.

［7］ S. Takamizawa and Y. Miyamoto：*Angew. Chem. Int. Ed.*, **53**, 6970（2014）.

［8］ S. Takamizawa and Y. Takasaki：*Chem. Sci.*, **7**, 1527（2016）.

［9］ S. H. Mir, Y. Takasaki, E. R. Engel, and S. Takamizawa：*Angew. Chem. Int. Ed.*, **56**, 15882（2017）.

［10］ S. Takamizawa, Y. Takasaki, T. Sasaki, and N. Ozaki：*Nat. Comm.*, **9**, 3984, 1（2018）.

［11］ （a）S. Varughese, M. S. Kiran, U. Ramamurty, and G. R. Desiraju：*Angew. Chem. Int. Ed.*, **52**, 2701（2013）, （b）M. K. Panda, S. Ghosh, N. Yasuda, T. Moriwaki, G. D. Mukherjee, C. M. Reddy, and P. Naumov：*Nat. Chem.*, **7**, 65（2015）.

コラム1

こすると光る結晶：トリボルミネッセンス

「引っかく」「こする」などの機械的な刺激を材料に与えることで光る現象を
トリボルミネッセンス（Triboluminescence, TL；摩擦発光）またはメカノルミ
ネッセンス（Mechanoluminescence, ML；応力発光）という．近年，TL を示
す材料はダメージや歪みの強さを発光で可視化するセンサーとして注目されて
いる．この性質を示す代表的な無機材料として，Xu らによって報告されたユ
ウロピウム添加アルミン酸ストロンチウム（$SrAl_2O_4:Eu^{2+}$）があり [1]，セ
ンサー材料への実用化に向けて盛んに研究がなされている．一方，分子結晶の
中にも TL を示すものは数多く報告されている [2]．分子結晶の TL メカニズ
ムは，結晶の圧電効果や破砕に伴う電荷分離によって励起状態が生じるのだと
説明されることが多い．そのため，分子性 TL 材料の多くは反転対称性のない
結晶構造をとり，それに由来する圧電性を示すとされる．しかし，中心対称性
をもつ結晶で TL が観測された例も多く，依然としてメカニズムに未解明な点
が多い．TL は相転移や色変化を伴うわけではないのでソフトクリスタル特有
の現象ではないが，刺激を可視化するという点でソフトクリスタルと関連性の
深い現象である．

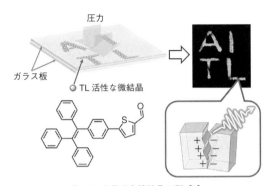

図　TL を示す有機結晶の例 [3]

微結晶をガラス板で挟んで圧力をかけると光る.

【文献】

[1] C.-N. Xu, T. Watanabe, M. Akiyama, X.-G. Zheng：*Appl. Phys. Lett.*, **74**, 2414
（1999）.

[2] （a）Y. Xie, Z. Li：*Chem*, **4**, 943（2018）,（b）Y. Zhuang, R.-J. Xie：*Adv. Mater.*, **33**, 2005925（2021）.

[3] B. Xu, J. He, Y. Mu, Q. Zhu, S. Wu, Y. Wang, Y. Zhang, C. Jin, C. Lo, Z. Chi,
A. Lien, S. Liu, J. Xu：*Chem. Sci.*, **6**, 3236（2015）.

┌─ **コラム 2** ─────────────────────────────

固体どうしの反応：メカノケミカル合成

　固体に機械的刺激を与える（すりつぶす）ことで相変化するメカノクロミズムに対し，すりつぶしにより反応が起こる場合がある．これを利用した固相反応をメカノケミカル合成という．この方法は有機溶媒を必要としない（もしくは最小限度しか使わなくてよい）ため，有機溶媒を多量に使う従来の合成法に代わる環境調和型の反応として注目されている．メカノケミカル合成は金属錯体から有機分子まで幅広い化合物合成に適用されており [1, 2]，今後のさらなる発展が期待される．

　筆者らは，このメカノケミカル合成法を発光性の銅(I)錯体の合成に応用している [3]．例えば，図中に示すように，ヨウ化銅(I)とトリフェニルホスフィン，およびイソキノリンのような *N*–ヘテロ芳香族化合物とを乳鉢に入れてすりつぶすと，発光性の銅(I)錯体が短時間・高収率で得られる．また，ここで用いる *N*–ヘテロ芳香族化合物を変えることで，その発光色を青色からオレンジ色まで作り分けることもできる．さらに，悪臭のある液体状 *N*–ヘテロ芳香族化合物に替えて不揮発性の固体状 *N*–ヘテロ芳香族化合物を用いることで，非習熟者向けの体験実験にも活用することができる．

└──────────────────────────────────

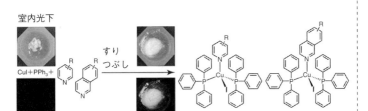

図　発光性銅(I)錯体のメカノケミカル合成
[カラー図は口絵 5 参照]

【文献】

[1] S. L. James, C. J. Adams, C. Bolm, D. Braga, P. Collier, T. Friščić, F. Grepioni, K. D. M. Harris, G. Hyett, W. Jones, A. Krebs, J. Mack, L. Maini, A. G. Orpen, I. P. Parkin, W. C. Shearouse, J. W. Steed, D. C. Waddell：*Chem. Soc. Rev.*, **41**, 413 (2012).

[2] K. Kubota, T. Seo, K. Koide, Y. Hasegawa, H. Ito：*Nat. Commun.*, **10**, 111 (2019).

[3] (a) H. Ohara, A. Kobayashi, M. Kato：*Chem. Lett.*, **43**, 1324 (2014), (b) P. Liang, A. Kobayashi, T. Hasegawa, M. Yoshida, M. Kato：*Eur. J. Inorg. Chem.*, **2017**, 5134.

第 4 章

ソフトクリスタル最前線

　本章では，ソフトクリスタルに関する研究動向を，具体例を取り上げて紹介する．

　まず 4.1 節および 4.2 節ではソフトクリスタルの機能に着目し，金属錯体結晶に焦点を当てる．具体的には，金属間相互作用や磁気特性などの金属イオンに特有の性質を結晶相転移で制御する研究を紹介する．続く 4.3 節と 4.4 節ではソフトクリスタルの動的な挙動に着目する．特に，結晶の相転移や結晶内反応を引き金として，刺激によって曲がる・動くという挙動を見せる文字通りソフトな結晶を紹介する．4.5 節と 4.6 節では，ソフトクリスタルに関する新しい研究展開も概観する．4.5 節では結晶内反応の特殊な例として結晶内での化学発光現象を，最後の 4.6 節では最近進歩が目覚ましい計算化学からのアプローチを紹介する．

　なお，本書は総説ではないためすべての研究を網羅しているわけではないが，各項の末尾に関連した総説や論文を引用しているので，興味を持った方はぜひそちらも参照されたい．

4.1　集積発光性クロミック金属錯体結晶

　前章でも述べたように，ソフトクリスタルの「外部刺激で柔軟に集積構造が変化する」という特性の典型的な活用例が発光性クロミ

ズムである．この集積構造の変化を発光の変化として可視化するメカニズムとしては，金属間相互作用に基づく多量体形成，π共役系分子のエキシマー形成，また水素結合などを用いたフロンティア軌道エネルギーの変調などが代表的である．この中でも特に，金属間相互作用に基づくクロミズムは微細な構造変化を劇的な発光の変化につなげられるため非常に興味深い．そこで，ここでは金属間相互作用による発光性クロミズムの原理について紹介する．

4.1.1 金属間相互作用とクロミズム

白金(II)錯体や金(I)錯体のような d^8, d^{10} 電子配置をもつ金属錯体は，古くから金属間に弱い相互作用が働きやすいことが知られてきた（図4.1）．これを「金属間相互作用（metallophilic interaction）」と呼び，金(I)イオン間に働く相互作用は，特に aurophilic interaction という名前が付けられている．この相互作用により，白金(II)錯体や金(I)錯体は結晶中などの集積状態と希薄溶液中とでまったく異なる発光特性を示す．何が起こっているのだろうか．

図4.2に d^8, d^{10} 金属錯体における単分子および2量体の模式的な分子軌道図を示す [1]．金属イオンどうしが近づくと，5つの d 軌道のうち，特に z 軸方向に広がる d_{z^2} 軌道どうしが重なり，結合性の軌道（dσ軌道）と反結合性の軌道（dσ*軌道）に分裂する．また，この d 軌道よりエネルギーの高い空の p 軌道についても同様

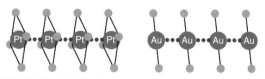

図 4.1 平面四角形型白金(II)錯体や直線型金(I)錯体に生じる金属間相互作用

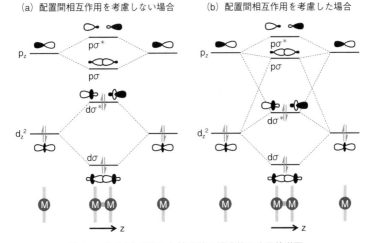

図 4.2 白金(II)錯体や金(I)錯体の模式的な分子軌道図

に，p_z 軌道どうしが重なることで結合性の $p\sigma$ 軌道と反結合性の $p\sigma^*$ 軌道へと分裂する．d_{z^2} 軌道は，電子が詰まった状態であるので，2量化しても結合性の相互作用は生じない．しかし，ここで形成された分子軌道のうち，$d\sigma$ 軌道は同じ対称性をもつ $p\sigma$ 軌道と，同様に，$d\sigma^*$ 軌道は同じ対称性をもつ $p\sigma^*$ 軌道とそれぞれ混合することができる（これを配置間相互作用という）．これにより，電子が詰まった $d\sigma^*$ 軌道が安定化することが，いわゆる金属間相互作用の駆動力である．

　このように金属間相互作用は軌道どうしの重なりに基づき生じるため，大きな軌道の広がりをもつ $5d^8$ 電子配置の白金(II)錯体や $5d^{10}$ の金(I)錯体では，金属間相互作用の効果が頻繁に観測される．一方で，d^8，d^{10} 電子配置をもつ同族の金属錯体であっても，軌道の広がりが小さな 4d 金属錯体であるパラジウム(II)錯体や銀(I)錯

体についてはいまだ研究例は少ない（コラム3参照）．金属間相互
作用があるかどうかの判断については，慣例的に金属原子間の距離
がファンデルワールス（van der Waals）半径の和よりも短いかどう
か（Pt…Pt の場合は3.5 Å，Au…Au の場合は3.3 Å）を目安として
議論される．しかし，実際には Au…Au 距離が3.5〜3.6 Å 程度離れ
ていても相互作用があると認められる場合もあり [2]，形式的な
ファンデルワールス半径に基づいて相互作用の有無を判断するのは

コラム 3

Pd…Pd 相互作用：弱い金属間相互作用

　5d 金属である白金(II)錯体の研究例の多さに対し，4d 金属であるパラジウ
ム(II)錯体の集積発光については，ごく最近までまったく報告されていなかっ
た．これは，4d 金属であるパラジウムは d 軌道の広がりが小さく，そのため
集積しても軌道どうしの重なりが小さく Pd…Pd 相互作用が弱いことに主に起
因する．

　最近になって，パラジウム(II)錯体の集積発光の研究が報告されるように
なってきた．一例として 2018 年に発表された Lu らの研究を紹介する [1]．彼
らは，広い π 共役系を有する三座配位子と強い σ 供与性を有するアレニリデ
ン配位子をもつパラジウム(II)錯体が，結晶中で 3.3 Å 程度の短い Pd…Pd 距離
をもつとともに，Pd…Pd 相互作用による ³MMLCT 発光を示すことを報告した
[1]．また，彼らはこの錯体の対イオンを交換した錯体を種々合成し，これら
が対イオンに応じてベイポクロミズムやサーモクロミズムを示すことも見出し
た．

　この研究も含め，これまでに数例の集積発光性パラジウム(II)錯体が報告さ
れているのみであり [1-3]，白金(II)錯体と比べてその励起状態の詳細は未解
明な点が多い．今後のさらなる研究展開に期待したい．

危険である．そもそも値の出典となっている Bondi の論文において
ても，白金などのファンデルワールス半径の値は正確には見積もられ
れていないとしている [3]．金属間相互作用の強度は，白金(II)イ
オンや金(I)イオンが単純な配位子のみを有する場合は 50 kJ mol^{-1}
以下，π共役系配位子を有する場合には 160 kJ mol^{-1} 程度と見積も
られており，水素結合とおおむね同等の強さといえる [2, 4, 5]．

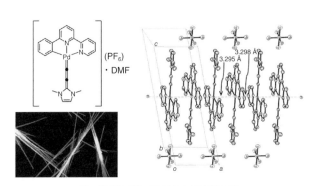

図 集積発光性パラジウム(II)錯体の例

【文献】
[1] C. Zou, J. Lin, S. Suo, M. Xie, X. Chang, W. Lu：*Chem. Commun.*, **54**, 5319 (2018).
[2] Q. Wan, W.-P. To, C. Yang, C.-M. Che：*Angew. Chem. Int. Ed.*, **57**, 3089 (2018).
[3] T. Theiss, S. Buss, I. Maisuls, R. López-Arteaga, D. Brünink, J. Kösters, A. Hepp, N. L. Doltsinis, E. A. Weiss, C. A. Strassert：*J. Am. Chem. Soc.*, **145**, 3937 (2023).

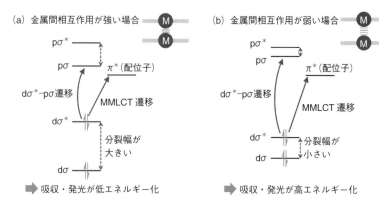

図4.3　金属間相互作用が（a）強い場合，および（b）弱い場合の分子軌道のエネルギー準位の模式図

　　ここで重要なのは，この相互作用により生じた dσ*軌道（HOMO）や pσ軌道（LUMO）のエネルギー準位は，d_z^2軌道どうしや p_z軌道どうしの重なりの大きさによって劇的に変化することである（図4.3）．そのため，金属間相互作用をもつ金属錯体が示す HOMO-LUMO 遷移のエネルギーは金属間の距離に顕著に依存して大きく変化する．また，配位子が低い π*軌道をもつときは pσ軌道に代わって π*軌道が LUMO になり，その最低励起状態は金属間の dσ*軌道から配位子の π*軌道への電荷移動遷移（Metal-metal-to-ligand charge transfer；MMLCT）となる．この MMLCT 遷移のエネルギーもまた金属間の距離に大きな影響を受ける．そのため，白金(II)錯体や金(I)錯体は，集積構造の変化による金属間相互作用の変化を反映して吸収や発光が大きく変化するという特性を持つ，これが金属間相互作用をもつ金属錯体結晶が多彩なクロミズムを発現しやすい理由である．

　なお，集積型白金(II)錯体や金(I)錯体のクロミズムについては多くの総説があるため，個々の研究の紹介についてはそちらに譲る[6]．本稿ではそれらの研究のきっかけとなった初期の例を中心に紹介し，コラムとあわせてこの分野への導入としたい．

4.1.2　集積発光性金属錯体結晶のベイポクロミズム

　集積発光性の金属錯体の中には，水蒸気や有機溶媒蒸気に触れることで色や発光が変わる「ベイポクロミズム」を示すものが多く報告されている（コラム4参照）．これは，図4.4に示すように，蒸気などのゲスト分子を結晶内へと取り込んで結晶構造が変化した際に，金属間の距離が変化することで金属間相互作用に由来するdσ^*→ pσ 遷移やMMLCT遷移のエネルギーが大きく変化することに由来する．

　このような錯体の報告例は古く，1974年には，白金(II)イオンに

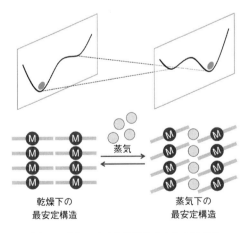

図4.4　蒸気による集積構造の変化の模式図

2,2′-ビピリジン（bpy）とシアニドイオンが配位した錯体［Pt(bpy)(CN)₂］が合成直後は黄色の水和結晶（発光極大波長566 nm）として得られ，これを乾燥させることで赤色の無溶媒結晶（発光極大波長602 nm）へと可逆的に変化することが報告されている［7］．その後，この無溶媒結晶と水和結晶について単結晶構造解析が行われた結果，その色変化のメカニズムが判明した（図4.5）［8,9］．この錯体は，赤色の無溶媒結晶中では Pt⋯Pt 距離が 3.3388(1) Å で近接した一次元積層構造をとっている．この結晶の Pt⋯Pt 距離は白金のファンデルワールス半径の2倍である 3.5 Å よりも十分短いため，この結晶中では白金の 5d$_{z^2}$ 軌道どうしが重なりあった一次元鎖状の dσ* 軌道を形成していることがわかる．一方，黄色の水和結晶では 3.3279(3) Å と 4.6814(3) Å という2種類の Pt⋯Pt 距離が観測され，このうち後者は白金のファンデルワールス半径の2倍よりも 1 Å 以上も長いため相互作用は無視できる．そのため，この結晶中では白金間相互作用は隣接2分子間のみにとどまってお

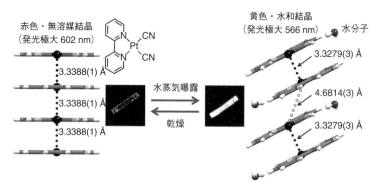

図4.5 ［Pt(bpy)(CN)₂］の無溶媒結晶（左）および水和結晶（右）の結晶構造と写真 ［9］

り，その dσ*軌道は一次元鎖状に非局在化した赤色結晶のものと比べて低エネルギー化していると考えられる [7]．これが，[Pt(bpy)(CN)$_2$] が水蒸気の吸脱着によって色や発光を可逆的に変化させる原理である．

この研究以後，様々な白金(II)錯体や金(I)錯体のベイポクロミズムが報告されている．最近の例については総説も参照されたい[6]．

┏━コラム4━
「ベイポクロミズム」という言葉の発祥

　ここまで当たり前のように使ってきた「ベイポクロミズム（vapo-chromism）」という単語だが，実はこの言葉の由来自体に白金(II)錯体がかかわっている．1989 年に Nagel は，カチオン性白金(II)錯体とアニオン性パラジウム(II)錯体との複塩（図(a) の M＝Pd）の蒸気応答現象を報告した [1]．この複塩は濃ピンク色の固体として得られるが，ジクロロメタンなどの蒸気に触れると色が青色に変化する．この研究の中で，蒸気によって色が変わる現象をベイポクロミズムと呼んだのが始めのようである．その後，Mann らによって，図(a) および (b) の複塩について，結晶構造解析や発光特性をもとに詳細なベイポクロミック挙動の調査がなされた [2]．これらの複塩はカチオンとアニオンが交互に積み重なった一次元鎖状の構造をとっており，そのため金属間相互作用に由来して dσ*-pσ 吸収・発光を示す．ここで，蒸気分子が結晶内に取り込まれると，一次元鎖間が大きく広がる．これにより dσ*-pσ 吸収・発光が変化しているようであるが，まだその詳細なメカニズムについては不明な点も多い．蒸気応答性色変化の現象は，それ以前にも知られてはいるが，これらの研究が，ベイポクロミズムという言葉，ひいては研究領域の源流となる研究である．

M = Pt, Pd ; R = C_nH_{2n+1}

M = Pt, Pd

図 「ベイポクロミズム」という言葉が初めて使われた複塩の構造

【文献】

[1] C. C. Nagel : U. S. Patent 4, 834, 909 (1989).

[2] (a) C. L. Exstrom, J. R. Sowa, Jr., C. A. Daws, D. Janzen, K. R. Mann : *Chem. Mater.*, **7**, 15 (1995), (b) C. E. Buss, C. E. Anderson, M. K. Pomije, C. M. Lutz, D. Britton, K. R. Mann : *J. Am. Chem. Soc.*, **120**, 7783 (1998).

コラム 5

アモルファスからの結晶化をクロミズムで見る

　ベイポクロミズムやメカノクロミズムが結晶－結晶相転移を伴う場合，単結晶構造解析や粉末X線回折でメカニズム解明が可能である（本文中の図4.6(b)）．一方，アモルファスは構造秩序がないため追跡が難しい（本文中の図4.6(a)）．そのため，アモルファス－結晶転移を伴うベイポ・メカノクロミズムは，発現は比較的容易な一方で，メカニズム解明の難易度が高い．

　筆者らは以前，紫色のアモルファス状態と赤色の結晶状態との間でベイポ・メカノクロミズムを示す白金(II)錯体を報告したが [1]，石井らは，最近，超解像顕微鏡を駆使してこの現象のメカニズム解明に成功した [2]．まず，機械的刺激後の紫色アモルファス粉末にメタ

ノール蒸気をさらすと，蒸気に触れた粉末表面で結晶化が始まる．ここで，生成した結晶はメタノールを吸着できるチャネルをもっているため，このチャネルを通じてアモルファス粉末の内部までメタノールが供給され，結晶化が進んでいくというメカニズムである．これはアモルファス－結晶転移を伴うクロミズムを可視化した非常に重要な成果である．

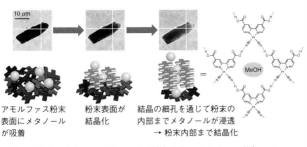

図　ベイポ・メカノクロミック白金(II)錯体のメタノール蒸気による
　　結晶化過程

【文献】
[1] Y. Shigeta, A. Kobayashi, T. Ohba, M. Yoshida, T. Matsumoto, H.-C. Chang, M. Kato：*Chem. Eur. J.*, **22**, 2682（2016）.
[2] K. Ishii, S. Takanohashi, M. Karasawa, K. Enomoto, Y. Shigeta, M. Kato：*J. Phys. Chem. C*, **125**, 21055（2021）.

4.1.3　集積発光性金属錯体結晶のメカノクロミズム

　すり潰す・つつくなどの機械的刺激による色・発光の変化（メカノクロミズム）も，集積発光性の金属錯体に特徴的な挙動である．メカノクロミズムでは，機械的刺激による構造相転移やアモルファス化によって金属間の距離が変化することで，dσ*→ pσ 遷移や

MMLCT 遷移のエネルギーが大きく変化する.

このメカノクロミズムは,大別して図4.6に示すように2つのパターンに分けられる.まず1つ目は,結晶をすり潰してアモルファス化させ,それによって起こる金属間相互作用の変化が発光を変化させるというメカニズムである(図4.6(a)).3.4節でも触れたように,2008年に伊藤らによって金(I)錯体のメカノクロミズムが発表され [10],それ以降,数多くの金(I)錯体や白金(II)錯体がアモルファス化によるメカノクロミズムを示すことが報告された [6].この場合,アモルファス状態は結晶状態よりも若干エネルギー的に不安定な状態にあると考えられる.そのため,蒸気との接触や加熱によって元の結晶状態が復元することも多い.特に,蒸気によって結晶状態が復元する場合には,ベイポクロミズムとセットで議論される場合もある(コラム5参照).

もう1つのメカニズムは,図4.6(b)に示すように速度論的にトラップされた準安定な結晶構造が,機械的刺激によって最安定な構造に変化するというものである.この場合,機械的刺激を与えた後でもアモルファス化しないため,変化前後の結晶構造を両方とも決定することができ,それに基づいて発光変化の理由を詳しく議論す

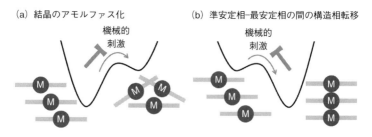

図4.6 メカノクロミズムの想定される2つのメカニズム

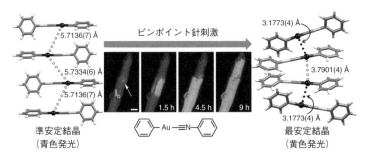

図 4.7 ［Au(Ph)(CNPh)］の結晶構造とピンポイントの針刺激による結晶構造
の変化 ［11］［カラー図は口絵 6 参照］

ることが可能である．一方，このような準安定な結晶は一般に得る
ことが難しく，通常の結晶化方法ではなく急速に結晶化するなどの
特殊な手法が要求されることが多い．例えば，図 4.7 に示す金(I)
イソシアニド錯体［Au(Ph)(CNPh)］は徐々に結晶化させると最近
接 Au···Au 距離が 3.1773(4)Å で近接した黄色発光性の最安定結晶
が得られるが，乾燥窒素ガス吹き付けによって急速に結晶化させる
と Au···Au 間に相互作用のない青色発光性の準安定結晶が得られ
る．興味深いことに，この準安定結晶に針でピンポイント刺激を与
えると，それを起点として単結晶性を保ったまま最安定結晶へと
徐々に変化することが判明した［11］．これにより，単に発光色を
青色から黄色に変化させるだけでなく，そのメカニズムを 1 粒の結
晶を使って追いかけることが可能になった．

4.1.4　集積発光性金属錯体結晶のサーモクロミズム

　一次元鎖状に金属間相互作用が連なった結晶に特徴的な刺激応答
性として，温度による発光の変化（サーモクロミズム）がある．代
表的な例として，4.1.2 項でも紹介した［Pt(bpy)(CN)$_2$］の無溶媒

結晶が挙げられる．この錯体結晶の発光スペクトルは，温度を下げるにしたがって発光極大波長が約 50 nm 長波長側へと移動する（図4.8）[12]．これは，冷却によって結晶が収縮し，Pt⋯Pt 距離が短くなったためと考えられる．実際に，[Pt(bpy)(CN)₂] の Pt⋯Pt 距離は室温付近の 293 K では 3.35 Å であったのが，15 K では 3.29 Å まで短くなっている．同様の例は，類似の [Pt(bpy)Cl₂] の赤色結晶も含め [13]，様々な錯体結晶で報告されている．一方で，上記例のような無限鎖状構造を持たず金属間相互作用が連続していない場合には，いくら Pt⋯Pt 距離が短くなっても発光が変わらない場合もある（コラム 6 参照）[14]．

　一次元鎖状の結晶において，わずか 0.1 Å 以下の金属間距離の伸縮が大きな発光の変化を引き起こす理由としては，当初，励起子相互作用によるダビドフ（Davydov）分裂に基づいて説明された．この種の白金錯体の吸収や発光エネルギーが，白金間距離のマイナス 3 乗とよい相関を示すからである．ダビドフ分裂の大きさは遷移双極子モーメントの 2 乗に比例するとともに，それらの間の距離の 3

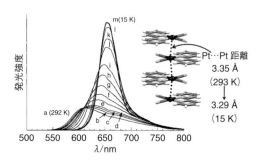

図 4.8　[Pt(bpy)(CN)₂] の発光スペクトルおよび結晶構造の温度変化
(a) 292, (b) 260, (c) 240, (d) 220, (e) 180, (f) 160, (g) 140, (h) 120, (i) 100, (j) 60, (k) 45, (l) 30, (m) 15 [12]．単位は K.

乗に逆比例するため，許容遷移であり遷移双極子モーメントが大きい吸収や蛍光についてはうまく説明づけられた．しかし，遷移双極子モーメントが小さいりん光の場合には疑問が残った．分子軌道論の観点からも検討が行われたが，³MMLCT 発光のエネルギーと白金間距離の相関については，経験則にとどまっていた．

ごく最近になって理論計算から異なるメカニズムが提案された [15]．その概略を図 4.9 に示す．[Pt(bpy)(CN)₂] の無溶媒結晶に関する理論計算から，光励起状態では隣接 3 分子間に ³MMLCT 励起状態がまたがった励起 3 量体と，同様に隣接 4 分子間にまたがった励起 4 量体とが熱平衡にあることが提唱された．ここで，Pt…Pt 距離が短い低温では励起 4 量体が安定であるのに対し，高温で Pt…Pt 距離が伸びると 4 分子に励起状態がまたがるのが難しくなり，励起 3 量体が安定化する．この励起 3 量体が励起 4 量体よりも短波長で光る（高い励起エネルギーを持つ）ことがサーモクロミズムの原因であるという説明である．この説では，ダビドフ分裂では説明できなかった ³MMLCT 発光の温度変化を上手く説明できる．一方で，このような励起多量体間の熱平衡の存在が実験によって直接観測されたわけではない．今後のさらなる実験的検証が待たれる．

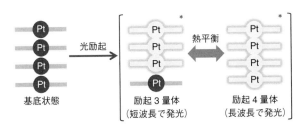

図 4.9 理論計算により提案された励起多量体間の熱平衡の模式図

文献

［1］　(a) P. K. Mehrotra, R. Hoffmann：*Inorg. Chem.*, **17**, 2187（1978），(b) H. B. Gray, S. Záliš, A. Vlček：*Coord. Chem. Rev.*, **345**, 297（2017），(c) M. Yoshida, M. Kato：*Coord. Chem. Rev.*, **355**, 101（2018）.

［2］　M. Bardají, A. Laguna：*J. Chem. Educ.*, **76**, 201（1999）.

［3］　A. Bondi：*J. Phys. Chem.*, **68**, 441（1964）.

［4］　(a) T. P. Seifert, V. R. Naina, T. J. Feuerstein, N. D. Knöfel, P. W. Roesky：*Nanoscale*, **12**, 20065（2020），(b) J. J. Novoa, G. Aullh, P. Alemany, S. Alvarez：*J. Am. Chem. Soc.*, **117**, 7169（1995）.

■コラム 6

置換基のかさ高さが発光色とクロミズムを左右する

　金属間相互作用のチューニングは発光性クロミック材料を開発する上で非常に重要である．筆者らは最近，図のようにかさ高さの違う置換基を持つ白金(II)錯体を 4 種合成し，結晶内での Pt⋯Pt 相互作用を段階的に弱めることに成功した．これにより，結晶の発光色が赤色（メチル基）から青色（*tert*-ブチル基）まで変化した．これらの結晶のサーモクロミズムを調査したところ，興味深い結果が得られた．4.1.4 項で紹介したように，一次元鎖状に Pt⋯Pt 相互作用が連なった白金(II)錯体は，温度低下によって発光スペクトルが長波長側へと移動する．ところが，最もかさ高い *tert*-ブチル基をもつ錯体のみサーモクロミズムを示さなかった．この違いは何に由来しているのだろうか？　結晶構造を比べるとその差は明確である．実は，*tert*-ブチル錯体のみ Pt⋯Pt 相互作用が隣り合った 2 分子の間で止まっており，一次元鎖状に Pt⋯Pt 相互作用が連なっていない．そのため，励起状態も 2 分子に局在した状態と考えられ，本文中の図 4.9 のような多量体間での励起の非局在化を起こすことができない．このわずかな Pt⋯Pt 距離の差が励起多量体の差，ひいてはクロミズムの有無を分けたのである．

[5] A. Poater, S. Moradell, E. Pinilla, J. Poater, M. Solà, M. Á. Martínez, A. Llobet：*Dalton Trans.*, **2006**, 1188.

[6] (a) M. Kato：*Bull. Chem. Soc. Jpn.*, **80**, 287 (2007), (b) O. S. Wenger：*Chem. Rev.*, **113**, 3686 (2013), (c) A. Kobayashi, M. Kato：*Eur. J. Inorg. Chem.*, **2014**, 4469, (d) T. Seki, H. Ito：*Chem. Eur. J.*, **22**, 4322 (2016), (e) P. Xue, J. Ding, P. Wang, R. Lu：*J. Mater. Chem. C*, **4**, 6688 (2016), (f) M. A. Soto, R. Kandel, M. J. MacLachlan：*Eur. J. Inorg. Chem.*, **2021**, 894, (g) M. Jin, H. Ito：*J. Photochem. Photobiol. C：Photochem. Rev.*, **51**, 100478 (2022).

[7] E. Bielli, P. M. Gidney, R. D. Gillard, B. T. Heaton：*J. Chem. Soc., Dalton Trans.*,

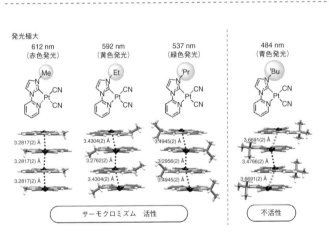

図　置換基のかさ高さによって発光とクロミック挙動が変わる白金 (II) 錯体

【文献】

D. Saito, T. Ogawa, M. Yoshida, J. Takayama, S. Hiura, A. Murayama, A. Kobayashi, M. Kato：*Angew. Chem. Int. Ed.*, **59**, 18723 (2020).

　　1974, 2133.

［8］　W. B. Connick, L. M. Henling, R. E. Marsh：*Acta Cryst. B*, **52**, 817 (1996).

［9］　S. Kishi, M. Kato：*Mol. Cryst. Liq. Cryst.*, **379**, 303 (2002).

［10］　H. Ito, T. Saito, N. Oshima, N. Kitamura, S. Ishizaka, Y. Hinatsu, M. Wakeshima, M. Kato, K. Tsuge, M. Sawamura：*J. Am. Chem. Soc.*, **130**, 10044 (2008).

［11］　H. Ito, M. Muromoto, S. Kurenuma, S. Ishizaka, N. Kitamura, H. Sato, T. Seki：*Nat. Commun.*, **4**, 2009 (2013).

［12］　M. Kato, C. Kosuge, K. Morii, J. S. Ahn, H. Kitagawa, T. Mitani, T. Matsushita, T. Kato, S. Yano, M. Kimura：*Inorg. Chem.*, **38**, 1638 (1999).

［13］　W. B. Connick, L. M. Henling, R. E. Marsh, H. B. Gray：*Inorg. Chem.*, **35**, 6261 (1996).

［14］　D. Saito, T. Ogawa, M. Yoshida, J. Takayama, S. Hiura, A. Murayama, A. Kobayashi, M. Kato：*Angew. Chem. Int. Ed.*, **59**, 18723 (2020).

［15］　M. Nakagaki, S. Aono, M. Kato, S. Sakaki：*J. Phys. Chem. C*, **124**, 10453 (2020).

4.2　ベイポクロミズムと物性との連動

　通常，ベイポクロミズムでは色や発光色の変化と物性とは連動しておらず，色が変わったからといって物性が変わるとは限らないし，逆に物理特性が変化しても色は変わらない場合が多い．しかし近年，このクロミズムと他の物性とを連動させる研究が相次いで報告されている．このようにベイポクロミズムと物性とを連動させることで，目に見えない物性の可視化や外部刺激による物性のスイッチングへと応用することができる［1］．そこで本節では，ベイポクロミズムと物性とを連動させる研究について紹介する．

4.2.1　ベイポクロミズムと磁気特性との連動

　ベイポクロミズムと物性とを連動させる研究はまだまだ発展途上であるが，その中で研究例が多いのが磁気特性（磁性）との連動である．結晶内に吸着された蒸気分子によって磁性が変化する挙動は

「ソルバトマグネティズム (solvatomagnetism)」としてよく知られている [2] (ただし, これは溶媒中の挙動ではなく, 結晶と蒸気との間の相互作用によって起こる現象なので, 本来は「ベイポマグネティズム」と呼んだ方がいいのかもしれない).

では, どのようにしてこの磁性の変化と色変化とを連動させればいいのか? これまでの研究を概観すると, 主に以下の3つに分類できる [1].

1. 蒸気によってスピン状態間の熱平衡が変化する場合
2. 蒸気分子が金属イオンの配位構造を変化させる場合
3. 不対電子の局在化が蒸気分子によって変化する場合

以下, これらの 1-3 について簡単に紹介していく. なお, 通常, 磁気的に活性な不対電子を有する金属イオンの多くは低エネルギーの非発光性励起状態 (d-d 励起状態など) をもち, これが発光性の励起状態を消光しやすい. そのため, ベイポクロミズムと磁性とが連動するソフトクリスタルは, これまで報告されているものについてはすべて非発光性である. 一方, 中にはマンガン(II)錯体やクロム(III)錯体, 希土類金属(III)錯体のように発光性と磁気特性とを両立できる金属錯体もあるため, 今後はこれらの錯体を活用した"発光性ベイポマグネティズム"の開発が期待される.

4.2.1.1 蒸気によってスピン状態間の熱平衡が変化する場合

最も研究例が多いのが, 蒸気によってスピン状態間の熱平衡が変化するパターンである [3]. これは, 温度によってスピン状態が変化する「スピンクロスオーバー」と呼ばれる現象と深く関係している. d^4〜d^7 電子配置をもつ金属イオンは配位子場分裂の大きさに応じて低スピン状態または高スピン状態をとる. 例として鉄(II)イオン (d^6 電子配置) の場合を図 4.10(a) に示すが, 電子間反発のエ

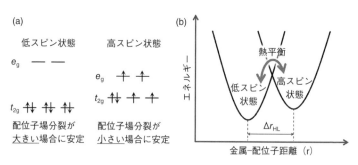

図 4.10 （a）鉄(II)イオンのスピン状態，（b）スピンクロスオーバー金属錯体の模式的なポテンシャル図

ネルギーよりも配位子場分裂が大きいと電子がスピン対を形成して低スピン状態をとるのに対し，配位子場分裂が小さい場合にはフントの規則に従い高スピン状態をとる．これらのスピン状態はそれぞれ電子配置が異なるため，それぞれまったく違う色を示す．

　配位子場分裂の大きさが中程度の場合，温度によって2つのスピン状態を行き来することができる（熱平衡）．これをスピンクロスオーバーと呼ぶ（図 4.10(b)）．ここで重要なのは，高スピン状態と低スピン状態とで金属－配位子距離が異なる点である．金属イオンの d 軌道のうち，e_g 軌道は金属－配位子間の反結合性軌道（σ^* 軌道）の性質をもつため，より多くの電子が e_g 軌道に入った高スピン状態の方が低スピン状態よりも金属－配位子距離が長い．この差（図 4.10(b) 中の Δr_{HL}）は，例えば鉄(II)錯体の場合 0.20 Å 程度，コバルト(II)錯体の場合には 0.10 Å 程度である [4]．

　つまり，蒸気分子によって配位子場分裂の大きさや金属－配位子距離を変えることができれば，ベイポクロミズムと磁性とを連動させることができる．このアプローチによる先駆的な例として，大場

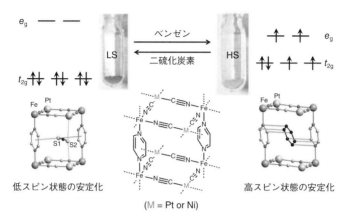

図 4.11　スピン状態と色とを連動させるベイポクロミック PCP ［5］

らや Kepert らによって報告された多孔性配位高分子（PCP）を紹介する［5,6］（図 4.11）．この PCP はナノサイズの細孔を持っているが，水やアルコール，ベンゼンなどの蒸気をここに吸着することで細孔が広げられる．すると鉄-配位子間の結合が長くなるため高スピン状態が安定になる．一方，二硫化炭素やアセトニトリルの蒸気を吸着すると，細孔の壁面と相互作用することで，むしろ細孔のサイズを収縮させる．よって，先ほどとは逆に低スピン状態が安定化される．これによって，この PCP は黄色の高スピン状態と赤色の低スピン状態との間で顕著なベイポクロミズムを示す．

　これらの報告以後，鉄(II)錯体やコバルト(II)錯体のスピンクロスオーバーを利用したベイポクロミズムの研究が相次いで報告されている．それらの研究の詳細については総説［3］を参照されたい．

4.2.1.2 蒸気分子が金属イオンの配位構造を変化させる場合

熱平衡を利用した先述のアプローチに対し，配位平衡を利用することでベイポクロミズムと磁性とを連動させるアプローチも存在する．この方法ではスピン状態が温度に依存しないため，磁気的相互作用による面白い物性が現れやすい極低温でもスピン状態を保つことができる．一方，結晶内で蒸気分子の配位によって金属イオンの配位構造を変化させるのは容易ではない．

配位構造でスピン状態が変化する代表的な金属イオンは，やはりニッケル(II)イオンだろう．図 4.12 のように，ニッケル(II)錯体は 4 配位平面四角形型の配位構造では $S=0$ の反磁性，6 配位八面体型の配位構造では $S=1$ の常磁性と，配位構造によってその磁性を ON–OFF することができる．このような挙動を示すニッケル(II)錯体は古くから溶液中でよく研究されてきた．また，その中には結晶状態でも配位平衡によるスピン状態の変化が可能なものもある．例えば，シンプルなシアン化ニッケル(II)$Ni(CN)_2$ は結晶状態でも水中への浸漬・加熱乾燥でスピン状態と色を変化させる [7]．しかし，溶媒に浸さずに蒸気にさらすベイポクロミズムでこのような配位構造の変化を達成した例は，近年まで報告がなかった．

最近になって，結晶状態でも蒸気によって色と磁性とを変化させるニッケル(II)錯体が相次いで報告されるようになってきた [1]．例えば筆者らは，図 4.13 のニッケル(II)キノノイド錯体の結晶が結晶状態でもベイポクロミズムとスピン状態とを連動させることを発見した [8]．この結晶は，乾燥状態では 4 配位平面四角形型構造であり，メタノール蒸気にさらすとメタノール分子が配位して 6 配位八面体型に変化する．この構造変化によって，乾燥状態では濃紫色の反磁性（$S=0$），メタノール蒸気下ではオレンジ色の常磁性（$S=1$）となる．なお，この色変化の由来の解明には最新の理論計算

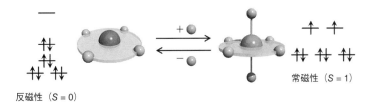

図 4.12　ニッケル(II)イオンの配位構造とスピン状態

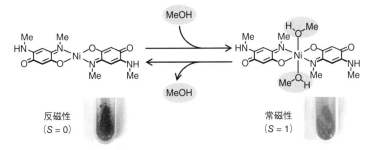

図 4.13　メタノール蒸気によって色とスピン状態とを変化させるニッケル(II)錯体 [8]［カラー図は口絵 7 参照］

が力を発揮した [9]．詳細はコラム 7 を参照されたい．

4.2.1.3　不対電子の局在化が蒸気分子によって変化する場合

　特殊な例として，蒸気によって不対電子の局在化が変わることで磁気特性や色が変わるパターンもある．このパターンは設計が難しいため例が少ない [9, 10]．しかし，分子構造を大きく変えることなく，分子間相互作用に由来する強磁性や電気伝導性などの物性を大きく変化させることができるため，今後の展開に大いに期待できるアプローチであるといえる．

このアプローチの先駆的な例としては，松崎・岡本らによって報告された混合原子価白金錯体 $(H_3N(C_4H_8)NH_3)_2[Pt_2(pop)_4I]\cdot 4H_2O$（pop＝ジホスホン酸イオン）がある [9]．この錯体を構成する白金原子の価数は2価と3価が混在しているが，その電荷の分布が水蒸気の吸着によって図4.14のように変化するため，これによって色が黄緑色（水和状態）から赤色（乾燥状態）へと変化するのである．ここで，Pt(II) イオンは閉殻の d^8 電子配置なのに対し Pt(III) イオンは開殻の d^7 電子配置である．そのため，水和状態ではこの

━コラム7━

計算化学が解き明かすベイポクロミック相転移

近年の計算化学の発展は目覚ましい．従来，ソフトクリスタルの研究は，結晶の相転移と連動した電子状態の変化を取り扱う非常に複雑な系であるため，計算化学によるソフトクリスタルの挙動解明は難しい点が多かった．しかし最近では，さまざまな計算手法が開発され，ソフトクリスタルの研究でも力を発揮している．

ニッケル(II)錯体の色は金属内の d–d 遷移に由来する場合が多いが，本文中の図4.13で紹介したニッケル(II)錯体の色は主に配位子由来の色である．そのため，ニッケル(II)イオンのスピン状態と連動して配位子由来の色が大きく変わる理由は謎であった．結晶構造から考察しようにも，4配位の乾燥状態は結晶性が低く，構造解析ができなかった．中谷らは，最新の計算化学を駆使してこの色変化の原因を解明した．彼らは，配座空間・結晶構造探索解析プログラム CONFLEX を使って乾燥状態の安定な結晶構造を探索し，得られた構造を使って結晶の電子状態と吸収の予測を行うことで，色変化の理由を解明することに成功した．すなわち，乾燥状態の結晶では，メタノール蒸気下よりも錯体どうしが強く積層し，その結果，配位子の π 軌道どうしや配位子とニッケル(II)の 3d 軌道とが相互作用して，結晶の色変化が起こったというわけである．

不対電子どうしでスピンを打ち消しあわないため常磁性を示すのに対し，脱水状態ではスピンを打ち消しあうため反磁性になる．

4.2.2 ほかの物性との連動

　近年，磁性以外でベイポクロミズムとの連動が模索されている物性としては，プロトン伝導性が挙げられる．プロトン伝導材料は燃料電池の固体電解質として注目を集めている材料であり，そのプロトン伝導度を可視化できれば興味深い．

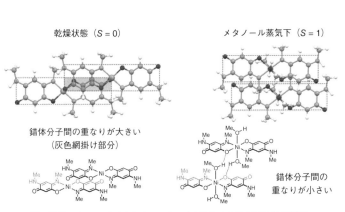

乾燥状態（$S = 0$）　　　　　　　メタノール蒸気下（$S = 1$）

錯体分子間の重なりが大きい
（灰色網掛け部分）

錯体分子間の
重なりが小さい

図　計算によって求められたニッケル(II)錯体の乾燥状態の結晶構造
　　比較対象としてメタノール蒸気下の結晶構造も示す．

【文献】

K. Nomiya, N. Nakatani, N. Nakayama, H. Goto, M. Nakagaki, S. Sakaki, M. Yoshida, M. Kato, M. Hada：*J. Phys. Chem. A*, **126**, 7687（2022）.

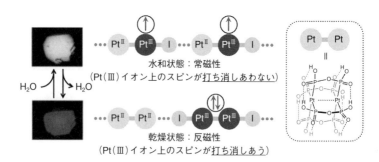

図 4.14 水蒸気によって色とスピン状態とを変化させる混合原子価白金錯体 [9]

コラム8

メカノクロミズムで磁性を ON-OFF する

本文中ではベイポクロミズムと磁性（スピン状態）との連動を取り上げたが，メカノクロミズムとの連動も非常に興味深い．特に，本文中の図 4.6(b) や図 4.7 のような「ピンポイントの針刺激で，準安定状態からドミノ的に結晶相転移する」という挙動をスピン状態の変化に結び付けられれば，弱い刺激で自由にスイッチできるデバイスやメモリにもつながる．

鈴木・直田らは，安定有機ラジカルであるフェノチアジンラジカルカチオンを使ってこれに成功した．この安定ラジカルを加熱して融かしたのちに 50℃ まで冷やすと，オレンジ色の準安定結晶が得られる．これにピンポイントの針刺激を与えると，それを起点としてドミノ式に結晶相転移が起こり，最安定な緑色結晶に変わった．ここで，オレンジ色の準安定結晶内で安定ラジカルは単量体状で存在しており常磁性を示すのに対し，緑色の最安定結晶内では安定ラジカルが 2 量体を形成しており，それによりスピンが打ち消しあって反磁性に変化していた．これは，メカノクロミックな結晶相転移を磁性と連動させる先

　プロトン伝導のメカニズムには図 4.15 に示すように，（a）H_3O^+ イオンが“プロトンの乗り物”のように振る舞って材料中を移動するビークル機構，および（b）水素結合の組み換えによってバケツリレーのようにプロトンが移動するグロータス機構（ホッピング機構）の 2 種類がある．特に室温付近でのプロトン伝導体の場合，そのメカニズムの議論の中核をなす要素が水分子の吸着の影響，つまり湿度の影響である．2000 年代以降，水分子の吸着やプロトンの移動ができるチャネル状の細孔をもち，結晶構造解析によってプロトン伝導の経路を詳しく議論できる多孔性配位高分子（PCP）や多孔性分子結晶をプロトン伝導材料に応用する研究が盛んになされて

駆的な研究例として非常に興味深い成果である．

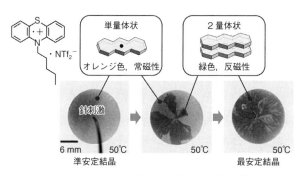

　図　メカノクロミックな結晶相転移と磁性とが連動する結晶（Tf＝*p*-トルエンスルホニル基）［カラー図は口絵 8 参照］

【文献】
S. Suzuki, R. Maya, Y. Uchida, T. Naota：*ACS Omega*, **4**, 10031（2019）.

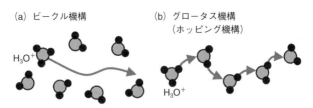

（a）ビークル機構　（b）グロータス機構
（ホッピング機構）

図 4.15 2 つのプロトン伝導メカニズム
（a）のビークル機構ではプロトンがオキソニウムイオンごと移動するのに対し，
（b）のグロータス機構ではプロトンが水分子の間をホッピングする．

いる［11］．

ここで，湿度によって発光が変化するようなプロトン伝導材料を開発することができれば，その湿度におけるプロトン伝導度を可視化することができる．ただし，高いプロトン伝導度と目でわかるほどの明瞭な発光性ベイポクロミズムとの両立は容易ではない［1, 12］．そこで役に立つのが 4.1 節で紹介した集積型金属錯体のクロミズムである．筆者らは実際に，図 4.16 のようにプロトン化されたピリジニウム基をもった白金(II)錯体の結晶が，湿度によって発光をオレンジ色から赤色，そして明るいオレンジ色へと大きく変えるとともに，そのプロトン伝導度を 7 桁近く変化させることを発見した［13］．この系では，結晶内へと吸着された水分子と酸性のピリジニウム基との間で水素結合ネットワークが形成されることで，グロータス機構による高いプロトン伝導度が得られている．また，この結晶内への水分子の吸着が Pt···Pt 相互作用を大きく変化させるため，プロトン伝導度と連動して発光が大きく変化する．

なお，それ以外の物性については，電気伝導性や誘電特性とベイポクロミズムの連動も興味深いが，これらについてはまだ研究例はわずかである（少なくとも，ベイポクロミズムや刺激応答性という

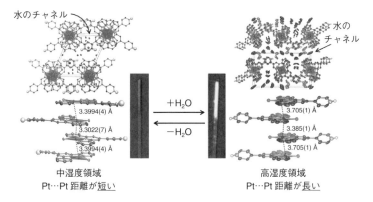

図4.16 白金(II)ピリジニウム錯体の結晶構造と発光 [12]
高湿度領域では結晶水を多量に含み，高いプロトン伝導度を示す.

観点からの体系立った議論はない). ベイポクロミズムと物性との
連動はまだまだ発展途上であり，今後の発展が非常に興味深い分野
であると言える.

文献

[1] M. Kato, M. Yoshida, Y. Sun, A. Kobayashi：*J. Photochem. Photobiol. C*：*Photochem. Rev.*, **51**, 100477 (2022).

[2] (a) N. Roques, V. Mugnaini, J. Veciana：*Top. Curr. Chem.*, **293**, 207 (2010), (b) E. Coronado, G. M. Espallargas：*Chem. Soc. Rev.*, **42**, 1525 (2013), (c) S. Chorazy, J. J. Zakrzewski, M. Magott, T. Korzeniak, B. Nowicka, D. Pinkowicz, R. Podgajny, B. Sieklucka：*Chem. Soc. Rev.*, **49**, 5945 (2020).

[3] (a) P. Gamez, J.S. Costa, M. Quesada, G. Aromí：*Dalton Trans.*, **2009**, 7845, (b) K. S. Kumar, M. Ruben：*Coord. Chem. Rev.*, **346**, 176 (2017), (c) R. Ohtani, S. Hayami：*Chem. Eur. J.*, **23**, 2236 (2017), (d) M. Nakaya, R. Ohtani, S. Hayami：*Eur. J. Inorg. Chem.*, **2020**, 3709, (e) S. Xue, Y. Guo, Y. Garcia：*CrystEngComm*, **23**, 7899 (2021).

［4］ (a) P. Gütlich, A. Hauser, H. Spiering：*Angew. Chem. Int. Ed. Engl.*, **33**, 2024 (1994), (b) J. A. Real, A. B. Gasper, M. C. Muñoz：*Dalton Trans.*, **2005**, 2062.

［5］ M. Ohba, K. Yoneda, G. Agustí, M.C. Muñoz, A. B. Gaspar, J. A. Real, M. Yamasaki, H. Ando, Y. Nakao, S. Sakaki, S. Kitagawa：*Angew. Chem. Int. Ed.*, **48**, 4767 (2009).

［6］ P. D. Southon, L. Liu, E. A. Fellows, D. J. Price, G. J. Halder, K. W. Chapman, B. Moubaraki, K. S. Murray, J. F. Letard, C. J. Kepert：*J. Am. Chem. Soc.*, **131**, 10998 (2009).

［7］ S. J. Hibble, A. M. Chippindale, A. H. Pohl, A. C. Hannon：*Angew. Chem. Int. Ed.*, **46**, 7116 (2007).

［8］ (a) P. Kar, M. Yoshida, Y. Shigeta, A. Usui, A. Kobayashi, T. Minamidate, N. Matsunaga, M. Kato：*Angew. Chem. Int. Ed.*, **56**, 2345 (2017), (b) R. Yano, M. Yoshida, T. Tsunenari, A. Sato-Tomita, S. Nozawa, Y. Iida, N. Matsunaga, A. Kobayashi, M. Kato：*Dalton Trans.*, **50**, 8696 (2021).

［9］ H. Mastuzaki, H. Kishida, H. Okamoto, K. Takizawa, S. Matsunaga, S. Takaishi, H. Miyasaka, K. Sugiura, M. Yamashita：*Angew. Chem. Int. Ed.*, **44**, 3240 (2005).

［10］ B. Nowicka, M. Reczyński, M. Rams, W. Nitek, J. Żukrowski, C. Kapusta, B. Sieklucka：*Chem. Commun.*, **51**, 11485 (2015).

［11］ (a) S. Horike, D. Umeyama, S. Kitagawa：*Acc. Chem. Res.*, **46**, 2376 (2013), (b) P. Ramaswamy, N. E. Wong, G. K. H. Shimizu：*Chem. Soc. Rev.*, **43**, 5913 (2014), (c) J. Canivet, A. Fateeva, Y. Guo, B. Coasne, D. Farrusseng：*Chem. Soc. Rev.*, **43**, 5594 (2014), (d) D.-W. Lim, H. Kitagawa：*Chem. Rev.*, **120**, 8416 (2020).

［12］ A. Watanabe, A. Kobayashi, E. Saitoh, Y. Nagao, M. Yoshida, M. Kato：*Inorg. Chem.*, **54**, 11058 (2015).

［13］ A. Kobayashi, S. Imada, Y. Shigeta, Y. Nagao, M. Yoshida, M. Kato：*J. Mater. Chem. C*, **7**, 14923 (2019).

4.3 フレキシブルに変形する分子結晶

第1章でも述べたように，「結晶」という単語から連想されるイメージとして，「硬い」「もろい」というものがあるだろう．砂糖（スクロース）や食塩（塩化ナトリウム）の結晶のように，通常の分子結晶やイオン結晶は力を加えるとたいていは割れてしまう．これは，硬い結晶中では力を加えても柔軟に分子配列を変化できない

ため，結晶の変形が難しいことに由来する．ところが，2010年代以降，結晶であるにもかかわらず，力を加えても割れずにフレキシブルに変形できる分子結晶が相次いで報告されている．さらに，これらの結晶の中には変形に伴う発光の変化を示すものも報告されている．本節ではこれらのフレキシブルな分子配列変化に基づき柔軟に変形する分子結晶を紹介する［1, 2］.

材料に応力を加えて変形したのちに，その力を除くと元の形状に復元することを弾性変形，逆に力を除いても変形した形状が維持されることを塑性変形と呼ぶ．図4.17に模式的な応力－歪み曲線を示す．一般に，材料に力をかけると，ある一定の応力までは変形の度合いが応力の大きさに比例する．この比例関係はフックの法則として知られ，比例定数はヤング率と呼ばれる．この比例関係が維持される領域が弾性変形領域である．一方，ある一定以上の力をかけると歪みの大きさが比例関係から外れ，ついには破断する．この間の領域が塑性変形領域である．

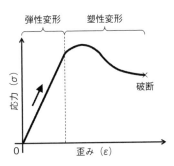

図 4.17 弾性変形・塑性変形の模式的な応力－歪み曲線

4.3.1 弾性変形する分子結晶

弾性変形する分子結晶とは，結晶でありながらヤング率が小さく（小さな応力で大きく歪む），また弾性変形領域が広い結晶のことを指すことが多い．このような弾性変形する結晶として2012年に最初に報告されたのが，カフェインと4-クロロ-3-ニトロ安息香酸の共結晶で，メタノールを結晶溶媒として含む3成分系結晶である[3]．図4.18に示すように，この結晶は結晶でありながら力（負荷）を加えることで大きく曲がり，またその力を除くと元の構造に戻る．これ以降，弾性変形する結晶が数多く報告されるようになった．その範囲は，π共役系分子にとどまることなく，生体分子から金属錯体分子，さらに配位高分子まで幅広い．また，図4.18の結晶のヤング率は10 GPaであったが[3(b)]，その後1 GPa以下というポリエチレンにも匹敵する低いヤング率を示す結晶が相次いで報告されている[1]．なお，弾性変形する材料として有名なものにゴムがあるが，ゴム弾性は応力によって配列した分子が元の不規則

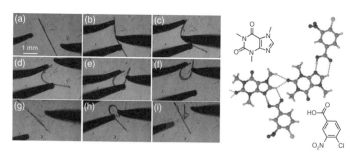

図4.18 カフェイン-4-クロロ-3-ニトロ安息香酸-メタノール共結晶の弾性変形の様子と結晶内のパッキング[3]

(a)から(i)まで時系列順に並んでおり，最後の(i)で破断した際にもそれぞれの破片は形状が戻っているのがわかる．

な状態に戻ろうとする（熱力学第二法則）ことによる形状復元（エントロピー弾性）である．これに対し，分子結晶の示す弾性は，外部からの応力で変化した分子の配列が元の配列状態に戻ろうとする力によって起こる（エネルギー弾性）と考えられている．

結晶が弾性変形するために必要な結晶パッキング構造としてよく挙げられるのが，外部から力がかかった時にその力を受け止められるバッファー（緩衝材）構造である．例えば，分子間に弱い水素結合やハロゲン間相互作用のネットワークが形成されていると，力がかかった時にそのネットワーク内で相互作用を組み換えることで，結晶を崩さずに分子配列を若干ずらすことができる [1(a), (b)]．また，この際に分子配列のずれが大きくなりすぎず復元力が働くように，分子どうしがかみ合ったような構造も必要であるとされる．

弾性変形する結晶に多く見られるパッキング構造のうち代表的なものを2つ紹介する（図4.19）[4]．1つ目は，平面性の高いπ共役系分子が少しずつずれながら積層した「スリップ・スタック構

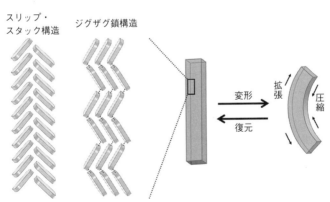

図4.19 弾性変形する結晶に多く見られるパッキング構造の模式図

造」と呼ばれる構造である．2つ目は，ハロゲン間相互作用などの弱い相互作用でつながったジグザグ鎖構造であり，このハロゲン間相互作用の効果については Desiraju らによって盛んに研究されている［5］．ただし，これらの構造をとらないにもかかわらず弾性変形する結晶もあり，まだその詳細な変形メカニズムは未解明な点も多い．

4.3.2 塑性変形する分子結晶

先に紹介した弾性変形する結晶に対し，塑性変形領域が広く，負

コラム9

弾性変形と光機能性との協奏

変形する結晶に関する研究は近年進展が著しい．その中で特に精力的に研究されているのが，弾性変形する結晶の発光性である．本文中でも紹介したように，平面性の高いπ共役系分子が少しずつずれながら積層した「スリップ・スタック構造」は，弾性変形に有利なパッキング構造だと考えられている．一方，π共役系分子は高い発光性を示しやすいことでも知られている．そのため，π共役系分子を活用することで，分子設計次第では弾性変形と光機能性とが協奏するような結晶を開発することもできる．

林らは，この観点からさまざまな光機能性の弾性結晶を開発している．例えば，彼らは 9,10–ジブロモアントラセン結晶の興味深い挙動を発見した．この結晶は，変形すると発光スペクトルが結晶の内側から外側にかけて長波長側にシフトする．ここで，X線回折測定から，この結晶は変形によってジブロモアントラセン分子のπスタックがずれることがわかっている．そのため，変形によって発光がシフトしたのだと考えられる．このように彼らは，比較的シンプルな分子でも徹底的に調べることで，弾性変形と光機能性とが協奏する面白

荷をかけても破断せず大きく塑性変形することができる結晶も報告
されている．この場合，先ほどとは違い，負荷を除いても形状は復
元せず歪みが残る．例えば，図4.20に，塑性変形する結晶として
初めて発見された例の1つであるヘキサクロロベンゼン［6］の変
形の様子を示す．結晶に対して力を加えると大きく曲がり，負荷を
取り除いても結晶の形が曲がったままになっていることがわかる．
これは，負荷を除くと結晶の形状が元に戻る弾性変形（図4.18）
とは対照的な挙動である．

　先ほどの弾性変形する結晶では負荷を受け止め，復元力を働かせ

い結晶の開発に成功している．

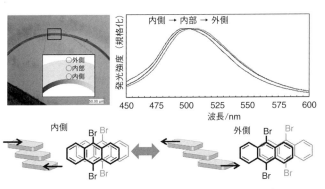

　図　弾性変形によって発光スペクトルがシフトする9,10–ジブロモア
　　　ントラセンの結晶

【文献】

S. Hayashi, F. Ishiwari, T. Fukushima, S. Mikage, Y. Imamura, M. Tashiro, M.
Katouda：*Angew. Chem. Int. Ed.*, **59**, 16195（2020）.

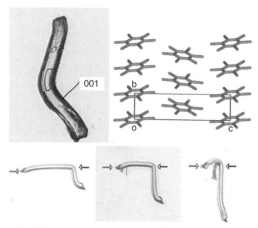

図 4.20　ヘキサクロロベンゼン結晶の塑性変形 [6]

るためのパッキング構造が重要であった．これに対し，塑性変形する結晶で一般に重要と言われるのは，分子がすべりやすい面が存在し，負荷をかけた時にその面に沿ってずれることである（図 4.21(a)）[7]．例えば，先ほどのヘキサクロロベンゼン結晶の場合，結晶内で Cl 原子間の弱いハロゲン間相互作用が配列した面があり，負荷をかけるとこの面に沿って Cl–Cl 相互作用の相手が組み換わることで変形する（図 4.21(b)）[8]．もちろん，中にはこのようなパッキング構造をとらないにもかかわらず塑性変形する結晶も存在しており，まだまだ解明すべき点は多い．

　なお，この塑性変形する分子結晶と紛らわしい言葉として plastic crystal がある．本来 plastic crystal は，位置秩序を持つが配向秩序の失われた結晶と定義され（1.3 節参照），日本語では「柔粘性結晶」と呼ばれるものを指す．変形はするもののあくまで分子の向きが定まった結晶である「塑性変形する結晶」とは本質的に異なるも

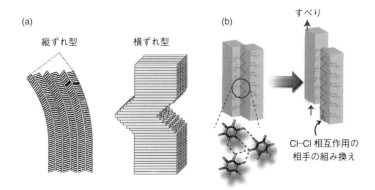

図 4.21 (a) 縦ずれ型，および横ずれ型の塑性変形の標式図 (b) 塑性変形する結晶に多く見られるパッキング構造 [7–9]

のである．確かに柔粘性結晶の中には塑性変形をするものも多いが，これらを混同しないよう気を付けていただきたい．

4.3.3 超弾性を示す分子結晶

これまで述べたように弾性変形は分子配列のずれを伴うため，ある閾値を境に塑性変形や破断をしてしまう．これに対し，超弾性では，結晶格子中で原子や分子のずれ（拡散）を伴わないため，より大きな可逆的変形が可能である．超弾性を示す材料の模式的な応力−歪み曲線を図 4.22 に示す．材料に負荷をかけていくとある一定の歪みまでは応力と歪みが比例するが，ある値を境に変形に対しほぼ一定の応力値を示すようになる．ここから力を除くと自発的に元の形状に戻る．

超弾性は長らく合金でのみ見出されてきたが，最近になって有機分子の結晶でも次々発見されている．超弾性を示す初めての有機結晶として 2014 年に高見澤らにより報告されたのは，非常にシンプ

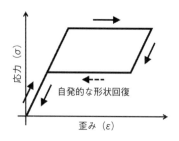

図 4.22　超弾性を示す材料の模式的な応力－歪み曲線

 コラム10

塑性変形した結晶は，それでもなお「単結晶」なのか？

　曲がった結晶はそれでも単結晶なのか？　弾性変形する結晶については，変形中にも明瞭なX線回折像を与えるため，単結晶と言っていいだろう．超弾性や強弾性の場合，変形中には結晶内に別の結晶のドメインができるため単結晶ではなくなるが，形状を復元したら単結晶に戻ることができる．一方，塑性変形する結晶の多くは本文中の図4.21に示すように，ある面に沿って分子がすべることで変形する．場合によってはこの際に結晶層の剥離が起こってしまい，単結晶性が失われてしまう．変形させた状態でX線回折を試みた研究もあるが，変形部で明らかにデータの質が低下しており，結晶性の低下が示唆されていた．

　そのような中，単結晶性を保ちながら大きく塑性変形する分子結晶が髙見澤らによって報告された．N,N－ジメチル–4–ニトロアニリンの結晶について，［100］方向にせん断力をかけると，なんと歪み500％以上という非常に大きな変形を示した．そして驚くべきことに，この結晶は，ここまで大きく歪んでもなお良好なX線回折像を与えた．このことから，この結晶が単結晶性を完全に維持しながら大きな塑性変形をしていることが初めて実証された．髙見澤ら

ルな有機分子であるテレフタルアミドの結晶である [10]. 図 4.23
にテレフタルアミド結晶の変形の様子を示す. 写真上方から結晶に
力を加えたところ結晶が屈曲し, 力を除くことで結晶の形が復元し
ていることがわかる. 単結晶 X 線構造解析により, テレフタルア
ミドの結晶に力をかけると, 元々の結晶（α 相）の中に異なる結晶
構造の相（β 相）が出現することが明らかになった. この β 相は室
温では安定ではないため, 力を取り除くと元の安定な α 相に戻る.
この α 相と β 相とのエネルギー差が自発的な形状回復の駆動力で
あると考えられる.

は, 金属微粒子の粒界すべりによる超塑性になぞらえて, この現象を「有機超
塑性」と名付けている.

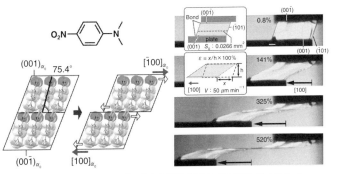

図　単結晶性を保ちながら大きな塑性変形をする *N,N*–ジメチル–4–
　　ニトロアニリンの結晶
　　　ここまで変形してもなお単結晶である.

【文献】
S. Takamizawa, Y. Takasaki, T. Sasaki, N. Ozaki：*Nat. Commun.*, **9**, 3984（2018）.

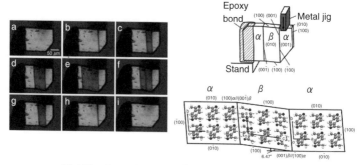

図4.23　テレフタルアミド結晶の示す超弾性変形 [10]

　超弾性変形は弾性変形領域を超えた大きな変形性に加え，応力に
よって結晶内の分子の向きや配列を変えられるという点も魅力的で
ある．そのため，例えばこの超弾性変形による分子配向の変化を利
用して発光性やガスの透過性などを変化させる報告もなされている
（コラム11参照）[11]．

4.3.4　強弾性を示す分子結晶

　力を除いたときに自発的に形状が回復する超弾性に対し，同じく
原子や分子の拡散を伴わないが力を除いた後にも歪みが履歴として
残る現象のことを強弾性と呼ぶ．強弾性を示す材料の模式的な応力
－歪み曲線を図4.24(a) に示す．材料に負荷をかけていくと，ある
る閾値を境に変形に対しほぼ一定の応力値を示すようになるところ
までは同じである．しかし，強弾性材料は力を除いてもそのままで
は自発的に形状が戻らない．これを元の形状に戻すためには，変形
時と逆方向へ負荷をかけることが必要になる．

　この強弾性も無機材料についての研究が現在の主流であるが，分
子結晶の強弾性に関する初期の研究は意外と古く，1979年にスク

コラム11

超弾性クロミズム

　務台らは，超弾性変形と発光色の変化が連動する結晶を初めて開発し，この現象を「超弾性クロミズム」と名付けた．彼らが用いたのは，図中の（a）で示すような励起状態分子内プロトン移動（Excited-State Intramolecular Proton Transfer, ESIPT）と呼ばれる現象を起こす分子である．この ESIPT 性の分子は，周辺環境の変化で発光を大きく変えやすいことが知られている．

　この結晶は，変形していない状態では黄緑色の発光を示す（Yellow-green, YG）．これを固定して負荷をかけると，図中の（b）で示すように超弾性変形するが，このときに新しく表れた結晶相は黄橙色（Yellow-orange, YO）へと発光が変化していた．この発光色の変化は，変形前の YG form に比べて変形によって現れた YO form の方が，分子どうしの π スタッキングが強いためであると考えられる．

　興味深いことに，この YG form の微結晶はアシナガアリ（約 3 mg）の重さをも検知して色変化したのである．超弾性クロミズムは発見されたばかりだが，微小な負荷や応力を検知するセンサーとして，今後のさらなる展開が期待できる．

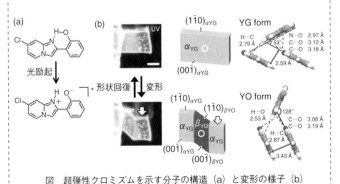

図　超弾性クロミズムを示す分子の構造（a）と変形の様子（b）
[カラー図は口絵 9 参照]

【文献】

T. Mutai, T. Sasaki, S. Sakamoto, I. Yoshikawa, H. Houjou, S. Takamizawa：*Nat. Commun.*, **11**, 1824（2020）.

アリン酸結晶の強弾性が発見されたのが最初の報告である［12］. その後，先に述べた超弾性を含むソフトクリスタルの研究が注目される中で，この強弾性を示す分子結晶も次々に見つかるようになってきた. その例として，図4.24(b) に5-クロロ-2-ニトロアニリンの結晶の変形を示す［13］. 結晶に負荷を加えていくと双晶変形し，元の結晶（α_0）の中に新たな結晶種（α_1）が生じるが，力を除いてもα_1はそのまま残り続ける（図4.24(b) 中のi → iii）. これに対し，逆向きの力をかけることでα_1が消失し元の形状が復元する（iv → vi）.

　強弾性を示す分子結晶はその後も相次いで報告されている. 例え

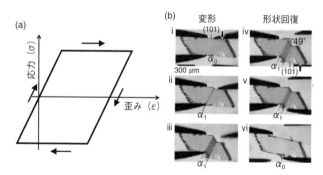

図4.24　(a) 強弾性を示す材料の模式的な応力歪み曲線，(b) 5-クロロ-2-ニトロアニリン結晶の示す強弾性変形 ［13］

ば，温度による超弾性と強弾性の切り替わりを利用することで，形状記憶効果をもつ結晶まで報告されている [14]．これらの柔軟に変形する結晶は最近になって急速に相次いで発見されており，今後のさらなる展開が期待できる．

　ここまで紹介した弾性・塑性変形や超弾性・強弾性を示す結晶を概観してみると，意外とシンプルな分子で驚くべき特性が得られていることがわかる．そのため，手元にある比較的古典的な分子でも，ソフトクリスタルの観点からその結晶の力学特性を調査することで新たな一面が見えてくるかもしれない．

文献

[1]　(a) E. Ahmed, D. P. Karothu, P. Naumov：*Angew. Chem. Int. Ed.*, **57**, 8837 (2018), (b) A. J. Thompson, A. I. C. Orué, A. J. Nair, J. R. Price, J. McMurtrie, J. K. Clegg：*Chem. Soc. Rev.*, **50**, 11725 (2021), (c) T. Seki, N. Hoshino, Y. Suzuki, S. Hayashi：*CrystEngComm*, **23**, 5686 (2021), (d) T. Mutai, S. Takamizawa：*J. Photochem. Photobiol. C：Photochem. Rev.*, **51**, 100479 (2022), (e) S. Kusumoto, Y. Kim, S. Hayami：*Coord. Chem. Rev.*, **475**, 214890 (2023).

[2]　(a) 林正太郎：有機合成化学協会誌，**78**，962 (2020)，(b) 髙見澤聡・高崎祐一・佐々木俊之：日本画像学会誌，**59**，262 (2020).

[3]　(a) S. Ghosh, C. M. Reddy：*Angew. Chem. Int. Ed.*, **51**, 10319 (2012), (b) C.-T. Chen, S. Ghosh, C. M. Reddy, M. J. Buehler：*Phys. Chem. Chem. Phys.*, **16**, 13165 (2014).

[4]　S. Hayashi：*Symmetry*, **12**, 2022 (2020).

[5]　(a) S. Ghosh, M. K. Mishra, S. B. Kadambi, U. Ramamurty, G. R. Desiraju：*Angew. Chem. Int. Ed.*, **54**, 2674 (2015), (b) S. Saha, G. R. Desiraju：*J. Am. Chem. Soc.*, **139**, 1975 (2017).

[6]　C. M. Reddy, R. C. Gundakaram, S. Basavoju, M. T. Kirchner, K. A. Padmanabhan, G. R. Desiraju：*Chem. Commun.*, **2005**, 3945.

[7]　P. Commins, D. P. Karothu, P. Naumov：*Angew. Chem. Int. Ed.*, **58**, 10052 (2019).

[8]　M. K. Panda, S. Ghosh, N. Yasuda, T. Moriwaki, G. D. Mukherjee, C. M. Reddy, P. Naumov：*Nat. Chem.*, **7**, 65 (2015).

[9] S. Kusumoto, A. Saso, H. Ohmagari, M. Hasegawa, Y. Kim, M. Nakamura, L. F. Lindoy, S. Hayami：*ChemPlusChem*, **85**, 1692 (2020).

[10] S. Takamizawa, Y. Miyamoto：*Angew. Chem. Int. Ed.*, **53**, 6970 (2014).

[11] (a) Y. Takasaki, S. Takamizawa：*Nat. Commun.*, **6**, 8934 (2015), (b) T. Mutai, T. Sasaki, S. Sakamoto, I. Yoshikawa, H. Houjou, S. Takamizawa：*Nat. Commun.*, **11**, 1824 (2020).

[12] I. Suzuki, K. Okada：*Solid State Commun.*, **29**, 759 (1979).

[13] S. H. Mir, Y. Takasaki, E. R. Engel, S. Takamizawa：*Angew. Chem. Int. Ed.*, **56**, 15882 (2017).

[14] S. Takamizawa, Y. Takasaki：*Chem. Sci.*, **7**, 1527 (2016).

4.4 刺激で動く分子結晶

4.3 節で紹介したように，一般的には硬いイメージのある結晶でも，なかには機械的な負荷をかけることで変形することができるものもある．一方，ソフトクリスタルの特徴といえば外部刺激に応答した構造変化・相転移である．ならば，機械的な負荷の代わりに外部刺激を加えることで結晶を変形させ，動かすこともできるのではないか？ 実際に 2000 年代以降，このような外部刺激で動く結晶が相次いで報告されている [1]．

これらの結晶が動くメカニズムは，外部刺激によって結晶内で構造変化や相転移が起こったときに，生じた歪みのエネルギーが結晶外に解放されることで動くのだと説明されている．ここで，歪みの解放の仕方は主に 2 つに分けられる．まず 1 つ目は結晶内に生じた歪みをじわじわと放出するパターンで，この場合には結晶の屈曲という動きとして現れる．2 つ目は，結晶内にある一定まで歪みを溜め込んだ後で一気に放出する場合で，その瞬間的に放出されるエネルギーによって結晶はジャンプしたり破裂したりする．そこで本節では，これらの 2 つのパターンについて順を追って紹介する．

4.4.1　刺激で曲がる分子結晶

4.4.1.1　光で曲がる分子結晶：フォトメカニカル現象

　外部刺激で動く結晶の中でも，特に盛んに研究されているのが光を当てると曲がる結晶である．まずは入江らによって報告された図4.25(a) の結晶を見てみよう [2]．この棒状の無色結晶に紫外光を当てると，結晶の色が変わるとともに大きく屈曲する．ここに可視光を当てると，結晶の形と色が元に戻る．このように光刺激を機械的な運動に変換する現象を「フォトメカニカル現象（フォトメカニカル効果）」と呼ぶ．

　この結晶は「ジアリールエテン」と呼ばれる骨格をもつ分子の結晶であるが，このジアリールエテンは光によって分子構造が異性化して色が変わる「フォトクロミズム」を示すことで知られている．ここで大事なのは，光で分子構造が異性化した時に分子間相互作用も影響を受け，結晶格子が変化することである．今回の結晶の場合，光を当てることで結晶格子が収縮する．しかしある程度以上の厚みがある結晶の場合は光が結晶の奥まで行き届かないため，光が当たった側のみ結晶が収縮し，結果として光が当たった面に向かって結晶が曲がる（図4.25(b)）．特筆すべき点として，この光屈曲

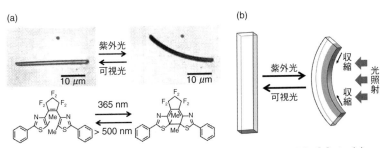

図 4.25　(a) ジアリールエテン誘導体結晶のフォトメカニカル現象 [2] と (b)
　　　　その模式図

は自重の 90 倍もの重さの粒子を持ち上げることができるほどの強さがある.

　この報告以降，ジアリールエテンやアゾベンゼン，サリチリデンアニリン（図 4.26）などの，さまざまなフォトクロミック分子を使ったフォトメカニカル結晶の研究が数多く報告されている. 詳しくは総説を参照されたい [1]. なお，このフォトメカニカル現象を引き起こすために重要な点は結晶のサイズである. 結晶内での光反応は主に結晶表面付近で起こるため，あまり結晶が厚すぎると表面の収縮だけでは結晶全体を曲げることができない.

　一方，最近では光による結晶相転移で分子結晶を曲げる報告もある. 小島らは，サリチリデンアニリン誘導体の結晶が，光が当たった面から徐々に結晶相転移が進むことを発見した（光トリガー相転移）[3]. このとき，相転移前後で結晶系が三斜晶系から単斜晶系に変化するため，その歪みによって結晶がねじれながら曲がって元に戻るという挙動を見せる（図 4.27）. そのメカニズムについては不明な点も多いものの，表面のサリチリデンアニリン分子が部分的に光異性化することで結晶内に歪みが発生し，それが結晶全体の相転移の引き金になっているのではないかと説明されている. なお，より長時間光を当てると結晶表面でサリチリデンアニリンの光異性化が進み，結晶が曲がるのは先ほど紹介した研究とも共通である.

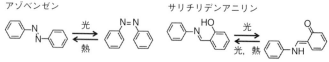

図 4.26　アゾベンゼン，サリチリデンアニリンの光異性化反応

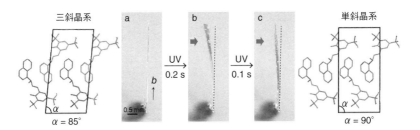

図 4.27　サリチリデンアニリン誘導体結晶の光トリガー相転移によるフォトメカニカル現象 [3]

4.4.1.2　熱で曲がる分子結晶：サーモメカニカル現象

　先ほど説明したように，外部刺激で結晶格子を部分的に変化させることができれば，直接結晶に触れずに曲げることができる．ならば，光以外の刺激でも結晶格子を部分的に変化できれば結晶を曲げることができるのではないか，ということになる．

　実際に，温度変化による結晶相転移で曲がる分子結晶も報告されている [4,5]．例えば，村岡・金原らは，大環状アゾベンゼン誘導体の結晶をホットステージ上で加熱すると曲がることを発見した [4]．これは，結晶を加熱していくとホットステージに接した面から徐々に相転移し，このときに室温の結晶相に対して高温の結晶相が異方的に膨張しているため，それによって結晶が曲がるのである（図 4.28）．ただし，熱による分子結晶の動きとしては，この「ゆっくりと屈曲する」動きよりは，どちらかというと次に紹介する「急激にジャンプする」動きが起こる場合の方が多いように見受けられる．

4.4.2　刺激でジャンプする分子結晶：サリエント現象

　刺激を受けて動く結晶の中でも特に動きが激しいものとして，

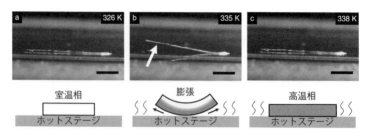

図 4.28 加熱による相転移で屈曲するアゾベンゼン誘導体の結晶 [4]

コラム12

羽ばたく分子マシン

　フォトメカニカル効果を示す結晶は，ほとんどの場合ある波長の光を当てると曲がってそのまま止まり（定常状態），別の波長の光を当てると元に戻る．つまり，繰り返し運動をさせるためには，人間の側で光の切り替え操作をする必要がある．では，人間の側でそのような切り替え操作をすることなく，一定の波長・強さの光を当て続ける（定常光照射）ことで継続的に結晶に繰り返し運動をさせることはできないのか？

　景山・武田らは，光応答性の結晶を使って生物が行うような自発的な繰り返し運動を実現させることに成功した [1]．図に示すアゾベンゼン誘導体とオレイン酸を混合して調製した薄片状結晶に 435 nm の青色光を照射したところ，結晶がパタパタと羽ばたくように動き出した．この結晶の変形は，アゾベンゼンの光異性化によって結晶構造が相転移するために起こるが，この相転移は光異性化の効率に影響を与えると考えられる．具体的には，「平らな状態」に光を当てると *trans → cis* の異性化が有利になるのに対し，「曲がった状態」に光を当てると *cis → trans* の異性化が有利になるため，一定の光を当て続けるだけで何度でも繰り返し運動を続けるのだと考えられる．彼らはこの発見を分子マシンとして発展させ，最近では溶液中を泳げるほどの推進力を持つ結晶を報

ジャンプしたり粉々に破裂したりする結晶がある．この現象を「サリエント現象（サリエント効果）」と呼ぶ [1, 6]．4.4.1項で紹介したフォト・サーモメカニカル現象に対し，前述のように結晶内にある一定まで歪みを蓄積して一気に放出することで爆発的な動きを生じるのがサリエント現象である．本項では特に，温度変化によりジャンプするサーモサリエント結晶と光によりジャンプするフォトサリエント結晶について紹介する．

告している [2].

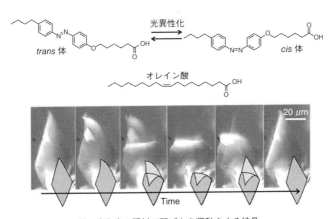

図　青色光の照射で羽ばたき運動をする結晶

【文献】
[1] T. Ikegami, Y. Kageyama, K. Obara, S. Takeda : *Angew. Chem. Int. Ed.*, **55**, 8239 (2016).
[2] K. Obara, Y. Kageyama, S. Takeda : *Small*, **18**, 2105302 (2022).

4.4.2.1　温度による結晶のジャンプ：サーモサリエント現象

　冷却・加熱などの温度変化によって結晶がジャンプする現象のことを「サーモサリエント現象（サーモサリエント効果）」と呼ぶ．まずは，実際にサーモサリエント効果を示す結晶の写真を見てみよう．図4.29は，初めて発見されたサーモサリエント結晶であるパラジウム(II)錯体［Pd(pap)(hfac)］（pap＝フェニルアゾフェニル，hfac＝ヘキサフルオロアセチルアセトナト）[7]の動きをハイスピードカメラで追いかけたものである（個々の写真は1ミリ秒間隔で撮影）[8, 9]．この結晶をホットステージ上で加熱していくと70℃付近で結晶がジャンプし，それに伴って写真のピントが一時的に結晶からずれているのがわかる．なお，実際にジャンプする様子をとらえた動画も論文のサイト上に掲載されているので[8]，ぜひそちらも参照されたい．

　このようなサーモサリエント現象はどのようにして起こるのだろうか．サーモサリエント現象は結晶パッキングの熱的な構造相転移に伴って起こることが多い．この相転移については，しばしば以下のような特徴がみられる．まず，相転移の際に分子が協働的に移動

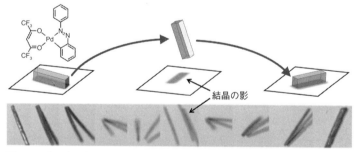

図4.29　［Pd(pap)(hfac)］結晶の加熱によるジャンプをとらえた写真（1ミリ秒間隔で撮影）とその模式図 [8]

するため，相転移の前後で分子の相対的な位置はあまり変わらない（マルテンサイト変態）．そのため相転移で空間群は変化せず，格子定数がわずかに変化するのみである．ただし，この格子定数の変化は異方的であり，ある特定の方向に対しては伸長するのに対し，別の方向に対しては収縮するといった挙動を見せる．これにより相転移に伴って異方的に歪みのエネルギーが蓄積することがサリエント現象の由来であるとされている [1,6]．例を挙げると，山野井・西原らによって報告された図 4.30(a) の大環状分子 [10] は，室温（α相）から低温（β相）に冷却することで，この環が縦長につぶれる（アスペクト比が大きくなる）ような構造変化をする．これにより結晶格子も縦長につぶれるように異方的に変化するため，その際の歪みのエネルギーが結晶のジャンプとして現れる．また，相転移を伴わないサーモサリエント現象も報告されている．例えば，伊藤・Garcia-Garibay らによって報告された図 4.30(b) の金(I)錯体結晶は，相転移はしないが，温度によって中心のベンゼン環の回転が変わることで格子が異方的に伸縮し，それによってサーモサリエント現象を起こす [11]．

　つまり，サーモサリエント現象を引き起こすためには，結晶格子が熱によってある方向には急激に伸び，別の方向には急激に縮むことが重要だと言うことができる．このような挙動を設計するのは容易ではないが，Naumov らは①平面性が高い分子，②かさ高い置換基を有する環状分子，および③水素結合性の置換基を複数有する分子の結晶において異方的な熱伸縮を伴うサーモサリエント現象が見られやすいとしている [8]．

4.4.2.2　光による結晶のジャンプ：フォトサリエント現象

　光照射によって結晶がジャンプしたり，時には破裂したりする現

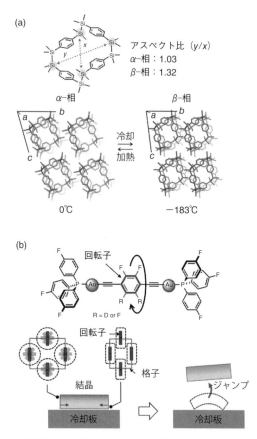

図 4.30　(a) 相転移を伴うサーモサリエント結晶の例，(b) 相転移を伴わない
　　　　　サーモサリエント結晶の例 [10, 11]

象のことを「フォトサリエント現象（フォトサリエント効果）」と
呼ぶ．フォトサリエント現象の発見は意外と早く，1834 年に α-サ
ントニンの結晶が太陽光下で「破裂」するとの報告がある [12].

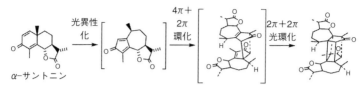

図 4.31 *α*-サントニンの結晶中における 2 量化反応機構

Garcia-Garibay らは，この現象が図 4.31 に示すように *α*-サントニンが結晶中の隣接分子間で 2 量化することに由来することを見出した [13]．その後も，散発的にフォトサリエント結晶が報告されているが，フォトサリエント結晶の大半は，*α*-サントニンの場合と同様の光 2 量化反応が結晶のジャンプの駆動力となっている [1]．また，ジアリールエテンの閉環反応やコバルト(II)ニトロ錯体の結合異性化のような，光異性化反応によってジャンプする結晶も報告されている [14]．このような光反応に基づくフォトサリエント現象のメカニズムは 4.4.1 項で紹介した「光照射で曲がる結晶」とも共通するが，光 2 量化や光異性化によって結晶格子が異方的に変化する場合に，その異方的な歪みが蓄積することで結晶のジャンプや破裂が引き起こされるようである．

　しかし，中には光反応を伴わないフォトサリエント結晶の例もある．伊藤らが報告した図 4.32 の金(I)錯体は，光を照射すると Au…Au 距離の収縮を伴う構造相転移を起こし，それにより結晶がジャンプする [15]．これは，Au…Au 相互作用に基づく dσ*→ pσ 励起状態や MMLCT 励起状態では，反結合性軌道である dσ*軌道から電子が抜けることで金属間の距離が近づき（図 4.2 も参照），それにより Au…Au 距離が短い構造へと緩和しやすいことが結晶相転移を促しているのではないかと考えられている．

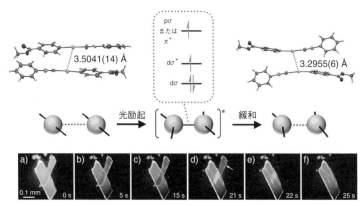

図4.32 光相転移によってフォトサリエント現象を示す金(I)錯体
下段の写真では，矢印で示された結晶がジャンプして消失しているのがわかる
[15].

文献

[1] (a) N. K. Nath, M. K. Panda, S. C. Sahoo, P. Naumov：*CrystEngComm*, **16**, 1850 (2014), (b) M. Irie, T. Fukaminato, K. Matsuda, S. Kobatake：*Chem. Rev.*, **114**, 12174 (2014), (c) P. Naumov, S. Chizhik, M. K. Panda, N. K. Nath, E. Boldyrev：*Chem. Rev.*, **115**, 12440 (2015), (d) P. Commins, I. T. Desta, D. P. Karothu, M. K. Panda, P. Naumov：*Chem. Commun.*, **52**, 13941 (2016), (e) T. Taniguchi, T. Asahi, H. Koshima：*Crystals*, **9**, 437 (2019), (f) 谷口卓也：日本結晶学会誌, **63**, 31 (2021).

[2] (a) S. Kobatake, S. Takami, H. Muto, T. Ishikawa, M. Irie：*Nature*, **446**, 778 (2007), (b) 小畠誠也・入江正浩：日本結晶学会誌, **49**, 238 (2007).

[3] T. Taniguchi, H. Sato, Y. Hagiwara, T. Asahi, H. Koshima：*Commun. Chem.*, **2**, 19 (2019).

[4] T. Shima, T. Muraoka, N. Hoshino, T. Akutagawa, Y. Kobayashi, K. Kinbara：*Angew. Chem. Int. Ed.*, **53**, 7173 (2014).

[5] T. Taniguchi, H. Sugiyama, H. Uekusa, M. Shiro, T. Asahi, H. Koshima：*Nat. Commun.*, **9**, 538 (2018).

[6] 関朋宏：化学と工業, **68**, 254 (2015).

[7]　M. C. Etter, A. R. Siedle：*J. Am. Chem. Soc.*, **105**, 641 (1983).

[8]　S. C. Sahoo, M. K. Panda, N. K. Nath, P. Naumov：*J. Am. Chem. Soc.*, **135**, 12241 (2013).

[9]　M. K. Panda, T. Runčevski, S. C. Sahoo, A. A. Belik, N. K. Nath, R. E. Dinnebier, P. Naumov：*Nat. Commun.*, **5**, 4811 (2014).

[10]　K. Omoto, T. Nakae, M. Nishio, Y. Yamanoi, H. Kasai, E. Nishibori, T. Mashimo, T. Seki, H. Ito, K. Nakamura, N. Kobayashi, H. Nishihara：*J. Am. Chem. Soc.*, **142**, 12651 (2020).

[11]　M. Jin, S. Yamamoto, T. Seki, H. Ito, M. A. Garcia-Garibay：*Angew. Chem. Int. Ed.*, **58**, 18003 (2019).

[12]　H. Trommsdorff：*Ann. Pharm.*, **11**, 190 (1834).

[13]　A. Natarajan, C. K. Tsai, S. I. Khan, P. McCarren, K. N. Houk, M. A. Garcia-Garibay：*J. Am. Chem. Soc.*, **129**, 9846 (2007).

[14]　(a) Y. Nakagawa, M. Morimoto, N. Yasuda, K. Hyodo, S. Yokojima, S. Nakamura, K. Uchida：*Chem. Eur. J.*, **25**, 7874 (2019), (b) P. Naumov, S. C. Sahoo, B. A. Zakharov, E. V. Boldyreva：*Angew. Chem. Int. Ed.*, **52**, 9990 (2013).

[15]　T. Seki, K. Sakurada, M. Muromoto H. Ito：*Chem. Sci.*, **6**, 1491 (2015).

コラム⒀

サーモサリエント現象と磁性との連動

　サーモサリエント現象に必要なのは，異方的で急激な結晶格子の収縮である．一方，構造相転移による色や物性の変化は，ソフトクリスタルの得意とするところである．では，サーモサリエント現象と物性の変化とを連動させることもできるのではないか？　物性変化と連動した構造相転移として代表的なのは，4.2.1.1 項で紹介したスピンクロスオーバー現象である．実際に最近，Martinho らが鉄(Ⅲ)錯体で，萩原らが鉄(Ⅱ)錯体でそれぞれサーモサリエント現象の発現に成功している [1,2]．

　ここでは，より色変化がわかりやすい萩原らのサーモサリエント結晶の写真を図中に示す [2]．オレンジ色の高スピン結晶を冷やしていくと，−90〜−105℃ 付近で濃赤色の低スピン結晶に変化するととも

にジャンプした.また,結晶構造解析の結果,この錯体は,低スピン状態になることで金属－配位子結合が収縮する一方,エチル基の回転によりa軸方向にのみ異方的に伸長していることがわかった.この異方的な伸縮挙動が,サーモサリエント現象の由来であると考えられる.これは色・磁性(スピン状態)・サリエント効果が協奏する非常に興味深い成果であるといえる.

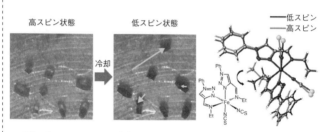

図 サーモサリエント現象を示す鉄(II)錯体結晶(写真内の矢印は結晶の動きを示す)
右の図は錯体の低スピン状態と高スピン状態の構造の重ね描きを示す.エチル基が回転しているのがわかる.[カラー図は口絵10参照]

【文献】

[1] A. I. Vicente, A. Joseph, L. P. Ferreira, M. de Deus Carvalho, V. H. N. Rodrigues, M. Duttine, H. P. Diogo, M. E. Minas da Piedade, M. J. Calhorda, P. N. Martinho:*Chem. Sci.*, **7**, 4251 (2016).
[2] H. Hagiwara, S. Konomura:*CrystEngComm*, **24**, 4224 (2022).

4.5 化学発光する結晶

4.4節では外部刺激によって進む化学反応が結晶を動かす現象を紹介したが,このような結晶内反応は時に発光も引き起こす.そこ

で次に，このような化学反応による発光「化学発光」を示す結晶を紹介する．化学発光とは，化学反応によってエネルギーの高い励起状態の分子が生成され，これが基底状態へと遷移する際に発光するものを指す [1,2]（図 4.33）．ホタルや発光キノコのような生物が放つ光はこの化学発光を利用しており，またルミノール反応やケミカルライトの原理も化学発光である．これらの化学発光は，主に溶液中で 2 種の化合物を混合（触媒の添加が必要な場合もある）して不安定な高エネルギー中間体を発生させることで得られる．

　一方，この不安定な中間体を置換基のかさ高さや電子的効果で安定化させるとともに，外部刺激によって反応を進行させて化学発光させる研究も精力的になされている．このような分子を結晶化すると，もちろん「化学発光する結晶」ができる．しかし，実は結晶内での化学発光メカニズムについて詳しく研究されたのはごく最近である．2016 年に渡辺・松本らは図 4.34 の 1,2-ジオキセタン誘導体について結晶内反応経路を初めて詳細に調査し報告した [3]．この結晶は加熱により化学発光を示すが，実は溶液中と結晶中とで異な

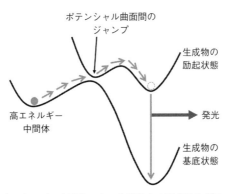

図 4.33　高エネルギー中間体からの化学発光の模式的なポテンシャル図

る経路で化学発光を示していることがわかった．これは，分子どう
しが離れている溶液中と違い，結晶中では隣の分子との水素結合な
どの相互作用が存在するためである．同様の結晶内のパッキングに
由来する化学発光経路の変化は，その後 Naumov らも詳細に調査
している [4]．このように，結晶内のパッキングは，化学発光経路
についても大きな影響を及ぼすことが最近わかってきた．

平野らは最近，この化学発光を使って結晶内での反応速度論を解
明する研究を相次いで報告している [5–7]．例えば，彼らは図 4.35
(a) のアダマンチリデンアダマンタン 1,2–ジオキセタン（Adox），
および Adox に蛍光色素を連結させた分子 *syn*-**1**，*anti*-**1** の結晶内
の化学発光挙動を追跡した．その結果，結晶内で Adox 部位と蛍光
色素部位が近い *syn*-**1** は，160℃ 加熱により *anti*-**1** と比べて強い
化学発光が観測された（図 4.35(b)）．さらに，Adox および *anti*-**1**
では反応初期で発光強度が反応の進行度に依存しない「ゼロ次の速
度論」的な挙動が観測され，*syn*-**1** についてもより低温の 140℃ で
加熱した際に同様の挙動が観測された．これは，図 4.35(c) のよ
うに，加熱初期では熱分解の反応点どうしが十分に遠いため，反応
の進行度が反応速度や発光強度に依存しないが，反応が進むに従

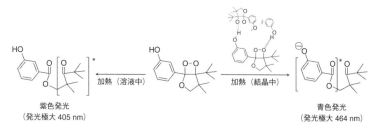

図 4.34　1,2–ジオキセタン誘導体の環境に依存した化学発光経路

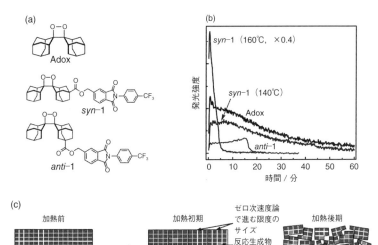

図 4.35 （a）平野らが用いた化学発光分子，（b）それぞれの結晶の発光強度の加熱時間依存性（Adox と *anti*-1 は 160℃，*syn*-1 は 140 および 160℃），（c）結晶の熱分解挙動の模式図 [5,7]

い，結晶が崩壊していくとともにゼロ次の速度論から外れていくのだと考えられる．このように，結晶内の化学発光は，溶液内と異なるのみならず，結晶内の反応を可視化するプローブにもなりうる．

文献

[1]　（a）E. Wiedemann：*Ann. Phys.*, **270**, 446（1888），（b）E. N. Harvey：*Science*, **44**, 208（1916），（c）M. Vacher, I. F. Galvan, B.-W. Ding, S. Schramm, R. Berraud-Pache, P. Naumov, N. Ferre, Y.-J. Liu, I. Navizet, D. Roca-Sanjuan, W. J. Baader, R. Lindh：*Chem. Rev.*, **118**, 6927（2018），（d）T. Hirano, C. Matsuhashi：*J. Photochem. Photobiol. C：Photochem. Rev.*, **51**, 100483（2022）.

[2]　A. M. Garcia-Campana, M. Roman-Ceba, W. R. G. Baeyens：*Historical evolution of chemiluminescence*, in *"Chemiluminescence in Analytical Chemistry"*（eds. A. M. Garcia-Campana, W. R. G. Baeyens）, pp. 1–39, Marcel Dekker, New York（2001）.

[3]　N. Watanabe, H. Takatsuka, H. K. Ijuin, A. Wakatsuki, M. Matsumoto：*Tetrahedron Lett.*, **57**, 2558（2016）.

[4]　S. Schramm, D. P. Karothu, N. M. Lui, P. Commins, E. Ahmed, L. Catalano, L. Li, J. Weston, T. Moriwaki, K. M. Solntsev, P. Naumov：*Nat. Commun.*, **10**, 997（2019）.

[5]　C. Matsuhashi, T. Ueno, H. Uekusa, A. Sato-Tomita, K. Ichiyanagi, S. Maki, T. Hirano：*Chem. Commun.*, **56**, 3369（2020）.

コラム14

自己修復する結晶

　折れたり割れたりした物質をくっつけて元通りにするのは容易ではない．自己修復現象は，近年，ポリマー材料で報告されてきているが，分子がナノレベルで規則的に並んだ結晶の場合にはさらに難度が高くなる．しかし，最近，割れても元通りくっつく「自己修復」を示す結晶が報告されている［1, 2］．

　Reddy らは，一度折れた結晶が自発的に瞬時にくっついて元通りに戻るという，驚くべき自己修復結晶を発見した［2］．まずは実際の写真を見てみよう．力を加えてひび割れた結晶から力を除くと，ひびが消失して元通りの結晶に戻っているのがわかる．さらに，電子顕微鏡像やX線回折像からも，一度折れた結晶がほぼ完璧に1粒の結晶に自己修復しているのが確認された．これは，①この結晶が反転対称性をもたない結晶構造をとり，圧電効果を示すため，結晶を折ったときに割れた面どうしで電荷分離が起こって引き寄せあうこと，そして②この結晶が弱くソフトな分散力相互作用によって組みあがっているため，柔軟に相互作用を切ったり組み換えたりして構造修復できること，の2点が自己修復に重要なのだと説明されている．実際に，①と②の特徴を両立する他の既知の結晶についても，同じような自己修復挙動が確認された．ソフトクリスタルにはまだまだ未知の面白い特性が多く眠っているのだと感じさせられる成果である．

〔6〕 C. Matsuhashi, H. Oyama, H. Uekusa, A. Sato-Tomita, K. Ichiyanagi, S. Maki, T. Hirano：*CrystEngComm*, **24**, 3332 (2022).

〔7〕 C. Matsuhashi, H. Fujisawa, M. Ryu, T. Tsujii, J. Morikawa, H. Oyama, H. Uekusa, S. Maki, T. Hirano：*Bull. Chem. Soc. Jpn.*, **95**, 413 (2022).

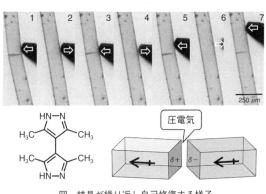

図 結晶が繰り返し自己修復する様子
1～7 まで時系列順に並んでいる.

【文献】

〔1〕 P. Commins, H. Hara, P. Naumov：*Angew. Chem. Int. Ed.*, **55**, 13028 (2016).

〔2〕 S. Bhunia, S. Chandel, S. K. Karan, S. Dey, A. Tiwari, S. Das, N. Kumar, R. Chowdhury, S. Mondal, I. Ghosh, A. Mondal, B. B. Khatua, N. Ghosh, C. M. Reddy：*Science*, **373**, 321 (2021).

4.6　結晶構造予測

　計算化学によるアプローチは，今や化学研究を進めるうえで欠か
せない．計算化学による分子構造の最適化と電子状態計算は，結晶
構造解析以外に分子の三次元構造を観測する手段が少ない我々に多
大な情報を与えてくれる．一方，1分子の構造計算に対し，分子が
集まって組み上がった分子結晶の構造予測は非常に難易度が高い．
しかし，近年目覚ましい進展がみられている．それによりソフトク
リスタルの研究でも，実験的には構造解析が困難だった結晶相の構
造予測まで可能になってきている（コラム7参照）．そこで本章の
最後に，分子結晶の構造予測研究の進展について簡単に概説する．
なお，この結晶構造予測については日本国内の先駆者である後藤ら
が最近総説を発表しているので，詳細についてはそちらも参照され
たい [1]．

4.6.1　分子結晶の構造予測の難しさと進展

　同じ結晶でも，無機結晶・金属結晶の構造予測と比べて，分子結
晶の構造予測は極めて難しい．これは，結晶を構成する分子自体が
複雑な三次元構造をもち多彩な立体配座をとりえることに加え，結
晶内では複雑な分子間相互作用が存在することにも由来する．特に
後者については，2.2節でも紹介したように，分子間相互作用は共
有結合と比べて非常に弱く（10〜100 kJ mol^{-1}），そのため，これ
らの弱い相互作用の複雑な絡み合いを正確に予測するのは困難を極
める．また，これらの要因が競合することにより，分子結晶では立
体配座や分子間相互作用が異なる結晶構造（結晶多形）を多く生じ
やすい（2.3節参照）．実際に，既知の結晶多形において，その
90% は多形間のエネルギー差が 4 kJ mol^{-1} 以内，大きい場合でも

10 kJ mol^{-1} 以内と非常に小さく [2]，これを精度よく評価できる
かどうかが結晶構造予測のもう1つの課題である．

　以上のような背景から，計算化学による分子結晶の構造予測は長
らく非常に困難な挑戦であった．Gavezzotti は 1994 年に「Are
crystal structures predictable?（結晶構造は予測可能か？）」と題し
た総説論文で，その問いに対し「No」と記載している [3]．しか
し計算化学の発展は目覚ましく，それから 30 年ほどが経った現在
では結晶構造予測が現実のものとなってきた．

　この分野の飛躍的な発展に貢献している要因の1つは，ケンブ
リッジ結晶学データセンター（CCDC）が定期的に実施している結
晶構造予測ブラインドテストである [4]．このテストでは，まず出
題者である CCDC から結晶構造が未発表な分子の構造式と結晶化
条件だけが与えられる（図 4.36）．参加者はそれをもとに結晶構造
の予測を行い，期日までに提出された予測構造に対して CCDC が
正誤を判定する，というものである．このブラインドテストを通じ
た新たな手法の開発により，近年では結晶構造を精度よく予測する
ことも可能になってきた．

　先に述べた内容とも関連するが，結晶構造を予測する際に必要な
技術は主に2つある．まずは実測と一致するような結晶構造を確実

図 4.36　第 4 回結晶構造予測ブラインドテストの課題分子の構造式と結晶化条件

に得るために，分子の立体配座や分子間相互作用の様式が異なる多
数の結晶多形を網羅的に探索・生成することである．そしてもう1
つはこれらの得られた結晶多形の相対的なエネルギーを計算してラ
ンク付けし，熱力学的に適切と考えられる結晶構造を正しく選別す
ることである．このエネルギー差の評価は，ソフトクリスタルの相
転移を議論する上でも非常に重要となる．

4.6.2 第一原理計算によるアプローチ

2009 年に報告された第 4 回ブラインドテストにおいて，重要な
ブレイクスルーが生まれた．従来，結晶構造予測は古典力学に基づ
く分子力場計算が用いられてきたが，Neumann らは初めて第一原
理計算である密度汎関数理論（DFT）に基づく方法を採用した [5,
6]．具体的には，彼らが開発した結晶構造予測プログラム GRACE
では，標的分子の結晶構造の生成やエネルギーの評価に対して，分
散力補正 DFT 法に基づき結晶力場を一時的に構築する手法（テー
ラーメイド力場法）が採用されている．これにより，通常の分子力
場計算を用いた方法に比べて，結晶構造の生成・探索における大幅
な精度の向上が達成された．また彼らは，最終的に結晶多形間の相
対エネルギーに従ってランク付けを行う際に，周期境界条件を用い
た分散力補正 DFT 法を適用することで，出題された 4 つすべての
分子の結晶構造予測に成功した（図 4.37）[4]．なお，その後の第
5 回・第 6 回ブラインドテストで，この結晶多形間のランク付けに
ついてはまだまだ正確性に改善の余地があることが明らかになった
ものの，分散力補正 DFT 法を用いたこの手法は大きなブレイクス
ルーとなり，多くの研究者がこの手法を改良してより正確な構造予
測を試みている [1]．

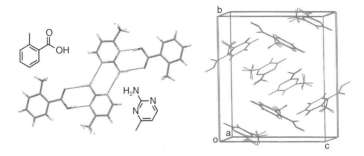

図 4.37 第 4 回ブラインドテストの課題の 1 つである 2-アミノ-4-メチルピリ
ミジンと 2-メチル安息香酸の 1:1 共結晶

右図は実測の結晶構造と Neumann らにより求められた予測構造の重ね描きであ
るが，ほとんど一致しているのがわかる [4]．

4.6.3 結晶力場計算によるアプローチ

結晶力場とは，古典力学に基づき孤立分子の構造やエネルギーを
再現するために用いられてきた分子力場を，結晶を計算するために
周期境界条件のもとで拡張したものである．上述の分散力補正
DFT 法は比較的精度が高い反面，計算コストが高いため効率的な
結晶多形探索には不利であるという課題がある．これに対し，結晶
力場計算はより高速に結晶構造の最適化ができるため，結晶多形探
索で生成された数十万もの結晶構造の最適化を効率的に行うことが
できる．一方で，精度に関しては課題を残しており，いかに結晶力
場を分散力補正 DFT 法の結果に近づけられるかが重要である．後
藤らはこの結晶力場計算を用いた結晶構造予測プログラムである
CONFLEX を開発し [7,8]，計算手法を改善するとともに，従来は
未知であった金属−配位子間の配位結合に対応する力場パラメー
ターの決定などをすることで，その精度を向上させている．

上述のように，生成した結晶多形間のエネルギーのランク付けに

よる安定構造の決定は，結晶構造予測において大きな課題である．
結晶力場計算で構造予測を行う場合，最終的な構造の精密化とエネ
ルギーのランク付けの段階では，計算手法をより高精度な分散力補
正DFT法に切り替えて評価を行うことが多いが，そもそも分散力
補正DFT法ですら正確にエネルギーを評価できるとは限らない．
そこで，CONFLEXでは生成された結晶多形の評価方法として，実
測の粉末X線回折パターンと予測構造との類似度を考慮したラン
ク付けも採用されている（図4.38）[9]．これにより，粉末X線回
折パターンがわかっている試料であれば，そのデータを援用するこ
とで精度よい結晶構造予測が可能となった．

　以上のように，計算化学による結晶構造予測は近年目覚ましい発
展がみられているが，一方で，常に課題となっているのは精度と計

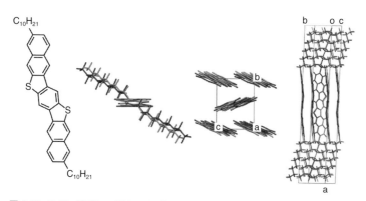

図4.38　3,11-ジデシルジナフト［2,3-d：2′,3′-d′］ベンゾ［1,2-b：4,5-b′］ジ
　　　　チオフェンの実測の結晶構造と予測構造の重ね描き　[9]
この分子は数多くの結晶多形がわずかなエネルギー差の中に見つかったが，当
初の探索では最安定構造に対し8.5 kJ mol⁻¹ほど上に位置していた25番目に安
定な構造が，粉末X線回折との一致度を加味した解析・評価により最終的な予
測構造として得られた．

算コストとのトレードオフである．しかし最近では，機械学習によって高速・高精度に結晶多形間のエネルギー評価を行う試みも報告されており，新たなブレイクスルーの芽となりうる成果として興味深い [10]．もしかしたら，本書が発行されて数年以内には，まったく未知の結晶でも短時間で正確に結晶構造予測できる時代が到来するかもしれない．

文献

[1] (a) 小畑繁昭・中山尚史・後藤仁志：日本結晶学会誌，**62**, 260 (2020)，(b) 中山尚史・小畑繁昭・後藤仁志：日本画像学会誌，**59**, 308 (2020)，(c) N. Nakayama, H. Goto：*Molecular Crystal Calculations Prospects for Structural Phase Transitions*, in "*Soft Crystals：Flexible Response Systems with High Structural Order*" (eds. M. Kato, K. Ishii), pp. 179–208, MRS series, Springer, (2023).

[2] A. J. Cruz-Cabeza, S. M. Reutzel-Edens, J. Bernstein：*Chem. Soc. Rev.*, **44**, 8619 (2015).

[3] A. Gavezzotti：*Acc. Chem. Res.*, **27**, 309 (1994).

[4] 例えば，第4回ブラインドテストのレポートは以下に掲載されている：G. M. Day, T. G. Cooper, A. J. Cruz-Cabeza, K. E. Hejczyk, H. L. Ammon, S. X. M. Boerrigter, J. S. Tan, R. G. D. Valle, E. Venuti, J. Jose, S. R. Gadre, G. R. Desiraju, T. S. Thakur, B. P. van Eijck, J. C. Facelli, V. E. Bazterra, M. B. Ferraro, D. W. M. Hofmann, M. A. Neumann, F. J. J. Leusen, J. Kendrick, S. L. Price, A. J. Misquitta, P. G. Karamertzanis, G. W. A. Welch, H. A. Scheraga, Y. A. Arnautova, M. U. Schmidt, J. van de Streek, A. K. Wolf, B. Schweizer：*Acta Crystallogr. B*, **65**, 107 (2009).

[5] M. A. Neumann：GRACE. Avant-garde Materials Simulation GmbH, Germany, http://www.avmatsim.eu.

[6] (a) M. A. Neumann：*J. Phys. Chem. B*, **112**, 9810 (2008)，(b) M. A. Neumann, M.-A. Perrin：*J. Phys. Chem. B*, **109**, 15531 (2005).

[7] H. Goto, S. Obata, N. Nakayama, K. Ohta, CONFLEX 9, CONFLEX Corporation, Tokyo, Japan (2020).

[8] (a) S. Obata, H. Goto：*J. Comput. Chem. Jpn.*, **7**, 151 (2008)，(b) S. Obata, H. Goto：*J Comput. Aided Chem.*, **9**, 8 (2008)，(c) S. Obata, H. Goto：*AIP Conference Proceedings*, **1649**, 130 (2015).

[9]　H. Ishii, S. Obata, N. Niitsu, S. Watanabe, H. Goto, K. Hirose, N. Kobayashi, T. Oka-moto, J. Takeya : *Sci. Rep.*, **10**, 2524 (2020).

[10]　O. Egorova, R. Hafizi, D. C. Woods, G. M. Day : *J. Phys. Chem. A*, **124**, 8065 (2020).

あとがき（謝辞）

　本書は，新学術領域研究「ソフトクリスタル」の研究成果を中心に，関連研究をわかりやすく紹介した．とはいっても著者の関わった研究例が多くなったことはご容赦願いたい．新学術領域研究「ソフトクリスタル」プロジェクトの早い段階より，日本化学会「化学の要点」シリーズ編集委員会より原稿執筆の依頼をいただいていながら，完成までに長い年月を要してしまった．その間，温かく見守っていただいた編集委員長の井上晴夫先生，並びに，編集委員の西原寛先生に心より感謝申し上げます．また，共立出版の中川様には忍耐強く待っていただいた．本書を完成できたのはそのおかげであり，心より感謝する次第である．

　「ソフトクリスタル」プロジェクト推進にあたっては，事務局及び第3班班長として，ハードな仕事をこなしてくださった東京大学生産技術研究所の石井和之教授，第2班班長として常に研究をリードしていただいた北海道大学工学研究院の伊藤肇教授，研究のみならず広報活動等でも大いに貢献していただいた青山学院大学の長谷川美貴教授に心より感謝の意を表します．加えて，領域研究に参加して，共同研究を展開し，プロジェクトを大いに盛り上げていただいたすべてのメンバーに心より感謝の意を表します．

索　引

〔著者紹介〕

吉田将己（よしだ　まさき）
2013年　九州大学大学院理学府博士後期課程修了
現　在　関西学院大学生命環境学部　専任講師，博士（理学）
専　門　錯体化学，光化学

加藤昌子（かとう　まさこ）
1981年　名古屋大学大学院博士前期課程修了
現　在　関西学院大学生命環境学部　教授，理学博士
専　門　錯体化学，光化学，構造化学

化学の要点シリーズ　45　*Essentials in Chemistry 45*

ソフトクリスタル
Soft Crystal

2023年10月15日　初版1刷発行

著　者　吉田将己・加藤昌子
編　集　日本化学会　©2023
発行者　南條光章
発行所　**共立出版株式会社**

　　　　［URL］　www.kyoritsu-pub.co.jp
　　　　〒112-0006 東京都文京区小日向4-6-19　電話 03-3947-2511（代表）
　　　　振替口座　00110-2-57035

印　刷　藤原印刷
製　本　協栄製本

printed in Japan

検印廃止
NDC　431.13, 437.01, 428
ISBN 978-4-320-04486-9

一般社団法人
自然科学書協会
会員